われら科学史スーパースター

天才・奇人・パイオニア？ すべては科学が語る！

☆サイモン・バシャー／絵 ☆レグ・グラント／文 ☆片神貴子／訳

玉川大学出版部

SUPERSTARS OF SCIENCE
by created by Basher, written by R. Grant
Copyright © Toucan Books Ltd. / Simon Coleman 2015
Japanese translation published by arrangement with Toucan
Books Ltd. through The English Agency (Japan) Ltd.

目次

① 初期の科学
4

ピタゴラス　6／アリストテレス　8／アルキメデス　10／プトレマイオス　12／イブン・ハイサム（アルハゼン）　14

② 科学の革命
16

ニコラウス・コペルニクス　18／ガリレオ・ガリレイ　20／フランシス・ベーコン　22／ヨハネス・ケプラー　24／ウイリアム・ハーベー　26／ロバート・ボイル　28／アントニ・ファン・レーウェンフック　30／アイザック・ニュートン　32

③ 啓蒙と発見の時代
34

ベンジャミン・フランクリン　36／平賀源内　38／アントワーヌ・ラボアジエ　40／ウィリアム・ハーシェル　42／エドワード・ジェンナー　44／マイケル・ファラデー　46／メアリー・アニング　48／エイダ・ラブレス　50／グレゴール・メンデル　52／チャールズ・ダーウィン　54／ルイ・パスツール　56

④ 現代
58

ジークムント・フロイト　60／イワン・パブロフ　62／マリー・キュリー　64／アルベルト・アインシュタイン　66／南方熊楠　68／ロバート・ゴダード　70／アレクサンダー・フレミング　72／エドウィン・ハッブル　74／ライナス・ポーリング　76／ロバート・オッペンハイマー　78／バーバラ・マクリントック　80／アラン・チューリング　82／ワトソンとクリック　84／グレース・ホッパー　86／レイチェル・カーソン　88／ジェーン・グドール　90／スティーブン・ホーキング　92／ティム・バーナーズ＝リー　94

① 初期の科学

紀元前530年ごろ

秘密結社
宇宙について数学的・科学的に話し合うために、結社をつくる。

紀元前335年

科学の天才
アテネに学校を開く。ここでは解剖学、天文学、地質学、物理学、地理学などの授業がおこなわれた。

紀元前220年ごろ

「わかったぞ！」
ある日、入浴中に浮力の原理を発見して「ユーレカ（わかったぞ）！」とさけぶ。

前580-前500
ピタゴラス

前384-前322
アリストテレス

前287-前212
アルキメデス

科学者が初めて登場したのは古代文明の時代。
当時の学者にとっては、地球そのものや地球上（さらには地球外）にあるすべてが
謎であり、わからないことだらけだった。
好奇心いっぱいの彼らの願いは、宇宙のしくみを理解し、
地球の物理的な性質を明らかにすること。
ものはどうやって動くのか、それはなぜか？
研究によって多くの科学理論が生みだされた。
もちろん、初期の科学者の考えにはまちがいもあったが、
未来の科学者に考えるべき課題を残したのは確かだ。

150年ごろ
古代の宇宙
地球は宇宙の中心にあると考える。この説はその後、何世紀も信じられていた。

1015年ごろ
目を見開く
光と視覚にかんする画期的な本『光学の書』を書く。

90-168
プトレマイオス

965-1040
イブン・ハイサム
（アルハゼン）

「天球には音楽がひびいている」

ピタゴラス

わしが生まれた時代には、何もかもが謎につつまれていた。わしみたいなギリシアのオタクたちは、宇宙の秘密を明らかにしたいと思っておったんだが、どこを探せばよいかわかっていなかった。そこでわしは、エジプトやもっと東にまで旅をして、ほかの人々の考えかたを聞いてまわった。数学を研究している学者や、星を観察している賢人に会ったんだ。

秘密結社

やがて、わしは人にものを教えたくなったので、イタリアに腰を落ちつけてなかまを集め、ピタゴラス教団をつくった。だがそのうち、自分たちの知識はたいへん貴重でほかの人には教えられないと思うようになって、わしの風変わりな考えは、なかまだけの秘密にしておくことにした。たとえば、人間には命がいくつもあり、魂は死後にほかの人間や動物に移動する、といった考えだ。だからわしは菜食主義者なんじゃ……だれかを食べてしまうかもしれないからな。

わしは直角三角形の定理で有名じゃが、音楽にもむちゅうになった。なぜ高い音と低い音があるのか。弦の長さとその弦が出す音の高さをむすびつける数を見つけたのはわしだ。地球と太陽の動きや、惑星と恒星の動きにこの数をあてはめることさえできれば、宇宙の秘密を明らかにできるのじゃが……。

年表

前580年ごろ　ギリシアのサモス島で生まれる
前535年ごろ　サモス島を離れ、旅をはじめる
前530年ごろ　イタリア南部のギリシア人植民地クロトンに、ピタゴラス教団をつくる
前500年ごろ　イタリア南部のメタポンチオンでなくなる

科学を変えた

ピタゴラスとそのなかまは、数学で宇宙のしくみを理解するという考えかたをきずいた。現在の科学者と同じように、つきつめれば、すべての真理は公式や方程式で表せると考えていた。

偉人たち

エジプトのアレクサンドリアに住んでいたギリシアの数学者ユークリッドは、ピタゴラスより2世紀あとの人物で、幾何学の父として有名。この分野の基本原理をきずいた。彼の研究は、2000年以上のあいだ手を加えられることなく、その原理はいまでも学校で教えられている。

ピタゴラスの定理

ピタゴラス教団は幾何学の数式（定理）に自分たちの名前をつけた。これは、直角三角形の3辺の長さの関係を表した重要な定理だ。史上最も有名なこの定理は、数学の知識を深めるために使用された。

ピタゴラスの定理のウラ話？

直角三角形の定理を発見したのは、ピタゴラス本人ではないらしい（この定理はインドやバビロンではそれ以前から知られていた）。しかしピタゴラスとそのなかまは、この定理を証明するための、もっとすぐれた新しい方法を考えだした。

天球の音楽

宇宙は地球をとりかこむいくつもの天球でできていると、ピタゴラスは考えていた。月にも、太陽にも、どの惑星にも、天球があり、天球が動くと、人には聞こえない荘厳な音楽が流れ、その音楽は宇宙内部の調和を表している――と考えたのだ。

7

「どんな動物でも、研究すれば、
自然で美しいものが見つかるだろう」

アリストテレス

みんなはわたしのことを天才だといいました。でも、だからどうしろと？わたしはギリシア北部で医師のむすことして生まれ、アテネでは偉大な哲学者プラトンのもとで学びました。プラトンはイデア（観念）がすべてだと考えていましたが、わたしは考えるだけではものたりませんでした。本当に理解するには、くわしく観察しなければならないんです。わたしはリュケイオンという学校を開き、そこで自分の哲学を生みだしました。教えていたのは音楽、演劇、詩、政治学、道徳、心理学、それに天文学や物理学や動物学などの科学です。

知識をえる努力

わたしが書いたものは、ほとんどが推測にすぎませんが、確かな事実にもとづいていました。ほかの人が考えもしないような問題（たとえば、なぜものは動くのか）をじっくり考えたものです。あとになって答えのまちがいに気づく場合もありましたが、少なくとも疑問はまちがっていませんでした。

でも、いつも評判がよかったわけではありません。わたしはアテネの人々の反対にあい、町から追いだされてしまいました。それでも、世界を理解する試みをやめませんでした。ただし、わたしが死んだのは、潮がみちひきする理由を説明できないのをなげいて海に身を投げたからだという話は、あくまでも伝説ですよ。

年表

前384年 ギリシア北部のスタゲイロスで生まれる
前366年 アテネにあるプラトンの学園に入学する
前335年 アテネに自分の学校リュケイオンを開く
前322年 エウボイア島のカルキスでなくなる

自然を観察する

アリストテレスは自然をじっくり観察したことで知られている。たとえば、いくつも卵をわっては、ヒヨコが卵のなかで育っていくようすを調べた。しかし「人間は心臓でものを考えている」「女性は男性よりも歯が少ない」など、人間についてはまちがった考えが多かった。

科学を変えた

世界について、ただ考えるだけでなく観察によって理解しようとした、史上初の本物の科学者。残念ながら、観察や推論の多くは、まったくのまちがいだった。

大きなまちがい

アリストテレスは天才だったが、こんなまちがいをすることもあった。
* 星や惑星はエーテルという目に見えない成分でできている（まちがい）。
* 重いものは軽いものよりはやく落下する（まちがい）。
* 地球は宇宙の中心である（まちがい）。

時代を先どり

* 単純なものから複雑なものへと、植物と動物を分類した。この方法は、何世紀もあとにあらわれる進化論によくにている。
* 地形は長い時間をかけてだんだん変化することに気づいた。この考えが正しいことは、現代の地質学で確かめられている。

なぜアリストテレスは重要なのか？

アリストテレスの死後1000年して、書き残した文章が再発見された。学者は、アリストテレスを本物の大天才だと考え、その思考を絶対的な真理とみなした。すべての科学者にとって出発点となったのだ。おもに「アリストテレスのまちがいを証明する」という意味でだが……。

アルキメデス

わしは「うっかり博士」タイプだから、考えにむちゅうになって、身のまわりのことに気づかないことも多かった。シラクサの町の人たちからは変わり者だと思われておったし、たぶんそのとおりなんだろう。

数学の天才

わしは幾何学にむちゅうで、いつも球や円柱やらせんといった図形をかいていた。頭のなかはへんてこな考えでいっぱいだった。じゅうぶんに長いてこがあれば、片手だけで地球を動かせると考えておったし、宇宙をうめつくすには砂が何粒いるのか計算したこともあったのう。

しかし、こうしたおかしな想像と理論上の計算が実際の問題を解決することもあった。役立つ装置をいくつも発明したんだ。ローマ人が町をとりかこんだとき、わしは防衛を指揮していたから、巨大なかぎ爪をつくってローマの船にそれをひっかけ、船を岩にたたきつけたんだぞ。てこの知識を使って、敵にむけて石を飛ばす強力な投石機もつくった。

でも、わしがいちばんだいじだったのは研究だ。ついにローマ人が町にせめこんできたときも、わしは気づきもしなかった。ローマ兵が部屋に入ってきたのに、幾何学の問題にむちゅうになっていたんだ。すごくおこった兵に剣でさされて、わしは殺されてしまった。

年表

前287年ごろ　シチリア島にギリシア人がつくった町、シラクサで生まれる

前213年ごろ　ローマ軍からシラクサを守る

前212年ごろ　ローマ人がシラクサをせめおとしたときに殺される

科学を変えた

ギリシアの優秀な数学者であり、科学者。理論科学をもとに実際に役立つ装置をつくる方法をしめした。
信じられないような発明のおかげで、アルキメデスは古代世界の有名人だった。

偉人たち

アルキメデスと「古代最高の発明家」の称号をかけて争ったライバルは、ヘロン（10－70年ごろ）だけだ。アレクサンドリアに住むギリシア人であるヘロンは、世界初の蒸気機関や自動販売機（コインを入れると聖水が出てくるもの）をつくった。

アルキメデスの装置

アルキメデスは真の発明王だった。

* アルキメディアン・スクリューは、ハンドルをまわすことで水を高い所にくみあげる装置。
* 走行距離計は、荷車が1マイル進むごとに自動で小石が箱に1個落ちるしくみだった。
* 複滑車は、重いものをもちあげるのに使われた。

「ユーレカ」の瞬間とは？

アルキメデスは、「王冠が純金かどうか確かめてほしい」とたのまれた。それには、体積をはからなければならない。でも、どうやって？アルキメデスは風呂の湯船につかるときに、水面が上がることに気づいた。王冠を水につけてみたらどうだろう？王冠におしのけられる水の量を調べれば、体積がわかるではないか。そして「ユーレカ（わかったぞ！）」とさけんだ。

砂粒を数える者

アルキメデスは著書『砂粒を数える者』のなかで、宇宙の大きさを計算するという、とてつもない目標をたてた。宇宙をうめつくすのに砂が何粒いるかもとめようとしたのだ。この研究をとおして大きな数の表しかたを考案したが、アルキメデスが見積もった宇宙の大きさは、かなり小さいものだった。

「星々のえがく無数の軌道をさぐるとき、もはや足で大地にふれることはない」

プトレマイオス

わしはアフリカ北部にギリシア人がつくった大都市、アレクサンドリアに住んでいた。当時ローマ帝国の一部だったこの都市は、図書館と学術研究で有名だった。地球についてわかっていることをすべて知りたいと思っていたわしは、太陽も惑星も星も、地球の周りを円をえがいてまわっていると信じていた。地球はじっとしていて、それ以外のものが動いているのは当然だと。それはまちがいだったが、星座と天体の動きをえがいた図のほうは、自分でいうのも何だが、かなり正確だったのだよ。

地球の謎

アフリカ沖のカナリア諸島からインドや中国へ旅をした船乗りから、いろんな話を聞いたわしは、正確な世界地図をつくることにした。経度と緯度の線をえがいて、ある場所と別の場所の位置関係がわかるようにした地図だ。だが、船乗りが旅したのは地球のほんの一部だったから、地図は不完全なものだった。

わしは地球はまるいものだと考えて、その大きさを計算した。300年ほど前にもエラトステネスというギリシア人が同じ計算をしたが、わしの計算結果のほうが小さく、人々はわしのほうを信じた。死後、わしの人生については忘れさられたが、わしの研究は何世紀ものあいだ高く評価されていたんだよ。

年表
90年ごろ　ローマ帝国の支配下にあったエジプトのアレクサンドリアで生まれる
132–140年ごろ　恒星や惑星や太陽を観測する
168年ごろ　アレクサンドリアでなくなる

科学を変えた
死後1000年以上のあいだ、世界でいちばん偉大な科学者だった。恒星や惑星や地球にかんするプトレマイオスの考えは、ほぼすべて正しいと思われていた。のちに、そのいくつかは本当に正しいことがわかった！

プトレマイオスの書いた本
現在でも残っている重要な本が3冊ある。
* 数学と天文学をあつかった『アルマゲスト』。
* 地球をあつかった『ゲオグラフィア』。
* 占星術（星が人の生活にあたえる影響）をあつかった『テトラビブロス』。
プトレマイオスは、占星術をまじめな科学だと考えていた。

地球は宇宙の中心にあると、みんな考えていたのか？
古代世界ではほとんどの人がこう信じていたが、ギリシアの天文学者サモスのアリスタルコス（前310–230ごろ）はちがった。彼は地球が太陽の周りをまわっているといい、星ははるかかなたにある別の太陽だという推測までしていた。でも、当時は頭がおかしいと思われていた。

プトレマイオスとコロンブス
1492年、探検家クリストファー・コロンブスは西にむけて航海に出るとき、すぐにアジアに着くと思っていた。というのも、プトレマイオスが書いた『地理学』を読んでいたからだ。この本のおかげでコロンブスは地球がまるいことを知ったが、地球の大きさは実際よりも小さく、アジアの大きさは実際よりも大きくえがかれていた。そしてもちろん、アメリカはえがかれていなかった！

偉人たち
古代の世界では、女性が科学を学ぶことはふつうゆるされなかった。その例外がヒュパティア。アレクサンドリアに住んでいたギリシア人数学者であり、天文学者だ。415年、彼女の科学は神の存在を否定する魔術だという理由で、キリスト教徒によって殺された。

13

「真実を見つけるのはむずかしく、
そこにいたる道はけわしい」

イブン・ハイサム（アルハゼン）

わたしは、ちょうどいい時期にちょうどいい場所で生まれた。そう、イスラム文化の黄金時代だったんだ。どの文明にも栄える時期はあるもので、当時のイスラム文化はたぶん世界の最先端をいっていた。

天才

多くのイスラム教徒が、アリストテレスやプトレマイオスといった古代ギリシアの思想家に影響をうけた。わたしもそのひとりだ。でも、わたしは彼らが書き残したものをうたがい、自分で真実を明らかにすることにした。人間の眼のしくみを調べたり、鏡やプリズムを使って実験をしたり、虹ができる理由を解明したり。そして、恒星や惑星の実際の動きは、プトレマイオスの理論のとおりではないことを指摘した。

カイロをおとずれたとき、エジプトの支配者カリフ・ハーキムから、毎年洪水をおこしているナイル川をおさめるように命じられた。わたしのような天才ならきっとできると思ったんだろう。でも、それにはダムが必要で、ダムをつくる技術なんて当時はなかったから成果はあがらず、わたしはカリフに10年間外出を禁じられた。もし気が狂ったふりをしなかったら、首をはねられていただろう。けれどカリフよりも長生きしたので、さらに200以上の研究を成しとげることができた。

年表

965年ごろ　バスラ（現在のイラク）で生まれる
1011年ごろ　エジプトのカイロでカリフ・ハーキムに拘束される
1021年　カリフがなくなったため、解放される
1040年　カイロでなくなる

科学を変えた

イブン・ハイサムがおこなった光学（光や鏡や見えるしくみを研究する学問）の研究は、その後の科学者に影響をあたえた。また、さらに重要なのは、注意深い観察と実験にもとづいて論じるという科学研究に対する彼の姿勢だった。

偉人たち

レオナルド・ピサーノ・フィボナッチ（1170-1240ごろ）はイタリアの数学者。インドやアラビアの学者が考えだした数学を、中世ヨーロッパに紹介した。そのなかには、現代数学にかかせない「フィボナッチ数列」もふくまれていた。

知識の移動

アラビア語の書物は、1100年ごろから、キリスト教徒であるヨーロッパの学者が用いるラテン語に翻訳された。ヨーロッパの人々は、こうした翻訳をとおしてアラビアの科学や古代ギリシア人のさまざまな研究を知ることになった。それが大きな刺激となって、ヨーロッパでは1400年から1600年にかけて、芸術や科学の分野で新しい考えが次々と生みだされた。この時期は「復興」という意味で「ルネサンス」とよばれる。

イスラム黄金時代はいつ？

イスラム文化は750年から1300年ごろまで栄えた。この時期は科学や医学が進歩しただけでなく、芸術や産業や技術も発達した。

イスラム黄金時代の科学者

* アル＝フワーリズミー（780-850）　算術と代数学を考えだした、すぐれた数学者。
* イブン・スィーナー（アビセンナ）（980-1037）　医学書で有名。
* イブン・ルシュド（アベロエス）（1126-1198）　アリストテレスがおこなった天文学や物理学や哲学の研究を進展させた。

② 科学の革命

1530年
地球は動いている
地球やその他の天体は太陽の周りをまわっている、という「太陽中心説（地動説）」を唱える。

1610年
針のようにするどい洞察力
ガリレイが自分でつくった望遠鏡で、夜空の星を以前よりもくわしく調べられるようになる。

1626年
冷凍食品
死んだニワトリの体に雪をつめて、冷凍によって保存ができるかを実験する。

1627年
星の表をつくる
夜空に見られる恒星や惑星のくわしい一覧表「ルドルフ表」を完成させる。

1473-1543
ニコラウス・コペルニクス

1564-1642
ガリレオ・ガリレイ

1561-1626
フランシス・ベーコン

1571-1630
ヨハネス・ケプラー

この章に登場するのは、文化革命にあとおしされたスーパースターたちだ。
1500年代のはじめにヨーロッパじゅうにひろがったこの文化革命は
「ルネサンス」とよばれ、知識がさかんに追いもとめられた。
古代の偉人たちが考えた理論は、約1000年間みんなから信じられていたが、
この新時代の発見によって初めて疑いがもたれた。
この時代、科学が成功する鍵となったのは「観察」だった。
顕微鏡の発明で、極小のものをくわしく調べられるようになり、
望遠鏡の発明で、夜空がとてつもなく広大なことがわかった。

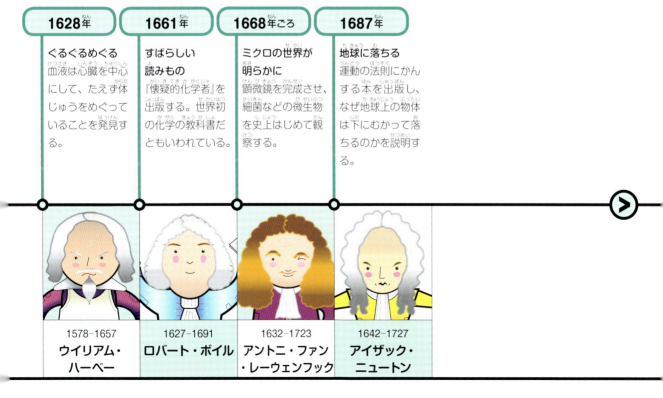

ニコラウス・コペルニクス

地球を動かしたのは、このぼくだ。ポーランド北部のバルト海近くにある塔に住んでいたぼくは、晴れわたった夜空を見上げては、惑星や恒星を観察するのが大好きだった。アリストテレスやプトレマイオスから学んだのは、宇宙の中心にあるのは地球で、それ以外はすべて地球の周りをまわっているということだった。でも、なんだか納得できなかったんだ。

宇宙について考えなおす

地球がじっと動かないというのはあたりまえのことのように思うけど、この理論は、ぼくが夜空で見たものと一致しなかった。まるで目をつむって暗やみを歩いているような気分だった。でも突然、ひらめいたんだ。地球のほうが太陽の周りをまわっていたら、どうなるだろう？ さらに、ほかの惑星も太陽の周りをまわっていたら？ すべてが回転していると考えると目がまわりそうだったけど、夜に観察した結果とぴったりつじつまがあった。何年もかけてこの考えをつきつめ、『天体の回転について』という本にまとめた。でも、世間から気が狂っていると思われるのがこわかったので、この本を出版するのをためらった。はじめて印刷された本がとどいたときには、ぼくはもう死の床にいたんだ。

年表
1473年　ポーランドのトルンで生まれる
1491-1503年　ポーランドとイタリアの大学で学ぶ
1542年　『天体の回転について』を書き終える
1543年　ポーランドのフロンボルクでなくなる

科学を変えた
地球が宇宙の中心にあるという、それまでの考えを否定した天文学者。地球やその他の惑星が太陽の周りをまわっていることに気づき、現代天文学の基礎をきずいた。

偉人たち
デンマークの天文学者ティコ・ブラーエ（1546-1601）は、コペンハーゲン近くの島で観察によって星を研究した。数多くの発見をし、彗星が宇宙を旅してきた天体であることも証明した。コペルニクスの太陽中心説（地動説）は信じず、地球こそ宇宙の中心だと主張した。

太陽中心説（地動説）
コペルニクスが唱えた太陽中心説の、重要な点。
*太陽こそが宇宙の中心である。
*月は地球の周りをまわっているが、地球やその他の惑星はすべて太陽の周りをまわっている。
*地球は自分の軸の周りを1日1回自転している。

コペルニクスの本の何が問題だったの？
コペルニクスの本は数百部印刷され、天文学に興味のある人々の手にわたった。問題だったのは、人間が宇宙の中心だという考えを否定する内容だったこと。1616年、カトリック教会はこの本の出版を禁じた。

大きなまちがい
地動説には気づいたコペルニクスだが、地球もふくめてすべての天体は完全な円をえがいて動いているという古代のまちがった考えを信じていた。宇宙では、太陽を中心にして、いくつもの球体が円をえがいて動いていると。これは正しい方向への第一歩だが、正解にはほど遠い。この考えがまちがいだと証明されるのは、まだ100年ほどあとのことだ。

19

「真実はすべて、発見してしまえば、
理解するのはかんたんだ」

ガリレオ・ガリレイ

科学者にとって、わたしの生きていた時代は最高だが最悪の時代でもありました。たくさんの科学者が世界を正しく調べはじめたばかりで、発見することが山ほどあったのです。でも、権力をもつ人のなかには新しい知識が気に入らない人もいて、命が危険にさらされることもありました。

教会による抑圧

実験がとくいだったわたしは、あらゆるものの時間をはかったり、測定をしたり、計算をしたりして、ものがどうやって動くのかを正確にわりだしました。実験を工夫して、物体は軽くても重くても同じ速さで落下することを証明したこともありました。わたしの実験は役に立ったんですよ。たとえば、弾の通り道を測定して、大砲を標的にあてやすくしたりね。

また、わたしは天文学にもむちゅうでした。まだめずらしかった望遠鏡をつくって、木星の衛星や月のクレーターなど、それまでだれも見たことがなかったものを見たんですよ。わたしは地球が太陽の周りをまわっているという、コペルニクスの考えに賛成でした。でも、カトリック教会はこの考えが気に入らなかったのです。わたしにむりやり、地球が動くという考えを否定させようとしたんですよ！　その後、わたしはとらわれの身となり、本の出版も禁じられました。でも、見たものは見たんです。でしょ？

年表

1564年　イタリアのピサで生まれる
1592年　パドヴァ大学で実験をおこなう
1610年　望遠鏡で木星の衛星を見る
1616年　カトリック教会によって、地球が太陽の周りをまわるという考えを否定させられる
1633年　異端の罪で有罪になる
1642年　イタリアのフィレンツェ近くでなくなる

科学を変えた

実験を重視した最初の人物。現代科学の父として有名。自分で望遠鏡をつくって、月や惑星について新たな発見をし、当時うけ入れられていた宇宙の姿に疑問を唱えた。

偉人たち

独創的な考えをもつせいで教会と衝突したのは、ガリレオだけではなかった。イタリアのジョルダーノ・ブルーノ（1548-1600）は太陽もひとつの星にすぎないと主張した。ほかの星にも惑星があり、そこには何かが住んでいるかもしれないといった。これが異端だとして、火あぶりの刑にされた。

役に立つ科学

ガリレオの数多い発見のなかには、次のようなものがある。
* 落下する物体は一定の割合で加速する。
* ふりこで時間をはかることができる。
* 大砲の弾は、放物線とよばれる曲線をえがいて飛ぶ。
* 惑星である木星の周りには、いくつかの衛星がまわっている。

月面で大成功

空気のない真空では、軽いものも重いものも同じ速度で落ちる、とガリレオはいった。1971年、月に降り立った宇宙飛行士のデヴィッド・スコットが、羽毛と金づちをいっしょに落としてみたところ、月には空気がないので、実際に2つとも同時に着地した。

なぜ教会はガリレオを有罪にしたの？

1600年代、カトリック教会は、宇宙にかんする新しい考えかたによって信仰がゆらぐかもしれないと心配しだした。地球が太陽の周りをまわっているというガリレオの考えは、異端（教会の教えと聖書に反する）として非難された。

フランシス・ベーコン

　外交官で、政治家で、法律家で、裁判官でもあり、ロンドン塔にもとじこめられて、本当にいそがしい人生だった。イングランド王のジェームズ1世に気に入られたぼくは、ナイトの位をあたえられ、のちに貴族にまでしてもらった。王のおかげで法務長官と大法官という国の最高職につくことができたけど、ぼくを目の敵にしていた人たちによって賄賂をうけとったとうたがわれ、塔にとじこめられた。そんな状況でも、ぼくは時間を見つけては科学の本を書いたんだ。

実験好き

　ぼくは、自分が書いた本のなかで、世界を理解するただひとつの方法は観察と実験であると主張した。ぼくにとって実験は、自然を問いただして、秘密をうちあけさせる最高の方法だった。たいていの人は古い書物に書かれたことを信じていた。アリストテレスが書いたものならまちがいないと考えられていたのだ。でも、そうではない。ぼくは「書物が科学に従うべきであって、科学が書物に従うべきではない」とさけんだ。

　火薬と印刷術と羅針盤の発明によって、世界は大きく変わっていた。科学者が協力して新たな発明を計画的に追いもとめれば進歩はもっとはやまると、ぼくは考えた。そんなのあたりまえだって？　でも当時、この考えはおどろくほど新しいものだったんだ。

年表
- 1561年　イギリスのロンドンで生まれる
- 1597年　初のエッセイ集を出版する
- 1603年　ジェームズ1世からナイトの位をあたえられる
- 1618年　大法官に任命される
- 1621年　汚職をうたがわれて、塔にとじこめられる
- 1626年　ロンドンでなくなる

科学を変えた
ベーコンは「実験科学の父」といわれてきた。科学者は、実験と観察をとおして真実を追いもとめ、その知識を使って発明するべきだという原則を確立した。

ベーコンの暗号
ベーコンは国家機密をあつかうことが多かった。そこで「ベーコンの暗号」を考案し、一見何でもなさそうな文書のなかに伝言をかくして送れるようにした。2進コードで表すこの暗号は、なんと、現在のコンピューター・プログラムにも使われている。

ニュー・アトランティス
ベーコンは、なくなったとき空想小説『ニュー・アトランティス』を書いているとちゅうだった。その本に出てくる想像上の太平洋の島では、科学者たちが「ソロモンの家」という研究所で働いている。研究所には、島の王が資金を出していた。1660年、これを手本にして、世界的に有名な英国王立協会がつくられた。

科学に命をささげた
ベーコンの死因は科学実験だといわれている。ニワトリの死骸に雪をつめ、冷凍することで肉を保存できるかどうかを調べたのだ。ところが、まもなく風邪をひいて高熱を出し、数日後に肺炎でなくなった。でも実験はうまくいき、肉は数日のあいだ保存できた。

ベーコンがシェイクスピアの作品を書いた？
イギリスの劇作家ウィリアム・シェイクスピアの作とされている劇の多くは、じつは同じ時代に生きたベーコンが書いたものだと信じている人もいる。こんなにすばらしい作品を書けるほどすぐれた人物はベーコンしかいなかったというのだ。でも、この説を裏づける直接の証拠はない。

「われ天空を測れり」

ヨハネス・ケプラー

おれが生きていた時代、数学と魔法、科学と呪術は、いっしょくたにされていた。おれは、錬金術師といっしょに、ふつうの金属を金に変える研究をしていた。占星術師として雇われ、星にかんする知識をいかして未来を占っていたこともある。だって、何が正しくて何がまちがっているのか、だれにもわからなかったんだ。

天空の地図をつくる

おれは、地球が太陽の周りをまわっているというコペルニクスの考えは正しいと信じていた。自分で惑星の正確な動きを計算して、惑星の軌道はそれまで信じられていた円ではなく楕円だと気づいた。数学を使って、惑星の動きを正確に記述するのにも成功した。

当時はたいへんな時代だった。ヨーロッパではキリスト教のなかでカトリックとプロテスタントが争っていた。おれはプロテスタントなのにカトリック教徒の皇帝と皇太子につかえていたから、すごく気をつかったよ。それでも、ルドルフ表という星の表にとりくみつづけた。星によって人生が決まると信じられていた当時、星の知識は重要なので、おれは高く評価された。おれ自身にとって宇宙はいつまでも謎だったが、いつか数学で解き明かせると信じていた。

年表
- 1571年　ドイツ南部のヴァイル・デア・シュタットで生まれる
- 1601年　プラハで皇帝ルドルフ2世の宮廷付き占星術師になる
- 1609年　『新天文学』を出版する
- 1627年　くわしい星の表「ルドルフ表」を完成させる
- 1630年　ドイツのレーゲンスブルクでなくなる

科学を変えた
数学者であり、天文学者。17世紀の科学革命で大きな役割をはたした。惑星の運動にかんする3法則で、長年正しいと思われていた考えを否定し、宇宙の理解を新しい方向へみちびいた。

世界で初めて
- 『新天文学』という本のなかで、惑星の軌道は円ではなく楕円であると書いた。
- ルドルフ表では、1000個以上の恒星と惑星について、過去・現在・未来の位置を表にした。
- 光学の研究では、人間の目のなかにあるレンズの働きを、初めて正しく説明した。

水星の太陽面通過
ケプラーは、死ぬ直前の1629年、水星が1631年11月に地球と太陽のあいだを通ると予言した。フランスの天文学者ピエール・ガッサンディが、この「水星の太陽面通過」の観測に成功し、ケプラーの説が証明された。

こんなエピソードも……
- ケプラーの母カタリーナは魔女だとうたがわれた。ケプラーは裁判で戦って、母を牢屋から出した。
- ケプラーの本には、果物屋でオレンジを山積みにする場合のように、球を最も効率よくつめこむ方法についてのアドバイスが書かれている。
- 人類で初めて、なぜ雪の結晶が六角形になるのか疑問をもった。

初のSF作家？
ケプラーはSF（サイエンス・フィクション）の生みの親ともいわれている。1608年にケプラーが書いた『ケプラーの夢』は、月へ旅する物語だ。月面から見た地球や惑星のようすがえがかれ、月にすむ怪物の話も出てくる。

25

ウイリアム・ハーベー

わしは超成功した医師だ。イギリスで国王の健康管理をしていたが、本当に興味があったのは切りきざむこと。わしが通ったイタリアのパドヴァにある学校では、ずっとまえから死体の解剖がおこなわれていた。

血液の流れ

わしは体が実際にどうやって動くのか確かめたかった。そのためには死体ではなく生きた体にメスを入れる必要があったんだ。もちろん人間にそんなことはできないので、そのかわりに動物を使った。すると、心臓が鼓動するようすや、血液が静脈と動脈を流れることがわかった。血管をしばって、血液の流れをとめればどうなるかも調べた。実験の結果、心臓が血液を体じゅうにおしだしていることがわかった。動脈は血液を心臓から運びだす血管で、静脈は心臓にもどす血管だ。わしはこの画期的な発見をまとめ、『動物の心臓ならびに血液の運動にかんする解剖学的研究』という本にした。

その後、発生の秘密、つまり実際にどうやって動物はできあがるかをさぐろうとした。もちろんいくつか説を考えたが、顕微鏡がなかったので（まだ発明されていなかった）、じつはお手上げだったんだ。

科学を変えた

現代生理学（体の機能を研究する科学）の父とよばれている。血液循環を研究して医学を大いに進歩させ、1000年以上も事実だと信じられていたことをくつがえした。

年表

1578年　イギリスのケント州フォークストンで生まれる
1599–1602年　パドヴァ大学で医学を学ぶ
1618年　国王ジェームズ1世おかかえの医師になる
1628年　血液循環にかんする本を出版する
1651年　『動物の発生について』を出版する
1657年　イギリスのロンドンでなくなる

偉人たち

古代ギリシアの医師ヒポクラテス（前460–370ごろ）は「医学の父」として知られている。病気は神のあたえた罰ではなく、さまざまな自然の原因でおこることを証明した。医師に高い道徳水準をたもつことを誓わせる「ヒポクラテスの誓い」も考えだした。

家族

ハーベーは血を見ても平気なタイプだった。自分の父と姉の遺体を解剖したといわれている。解剖用の死体はとても手に入りにくかったので、家族の死が、またとないチャンスに思えたのだろう。

まだ動物での実験は続いているの？

そのとおり、続いている。ハーベーの時代、さまざまな種類の生物を解剖して、人体のしくみを知ろうとした。現在では、動物実験以外に方法がない場合にしかおこなわれず、その場合もきびしい制限がある。

人体の構造

ベルギーの医師アンドレアス・ヴェサリウス（1514–1564）が1543年に出版した本には、パドヴァ大学で解剖された人間の死体がえがかれている。骨、筋肉、内臓、静脈、動脈をえがいたその図によって、人体解剖学の知識が根本的に変わった。

27

「わたしは自然という書物から学ぶ」

ロバート・ボイル

わたしは、コーク伯という貴族のむすこだったから、生活費の心配はまったくなかった。だから大好きな2つのことをしてくらした。宗教について考えることと科学実験だ。イギリスの思想家や実験家といっしょに、宇宙の性質をさぐる「見えざる大学」という集まりをつくった。

英国王立協会

わたしは化学がとくいだった。物質は見えないほど小さな粒でできていて、この粒の動きで、たいていのことは説明できるはずだと考えていた。自分でつくった空気ポンプで実験をして、圧力にかんする法則を公式にした。そう、これが「ボイルの法則」とよばれているものだ。

1660年、「見えざる大学」は王に認められて「英国王立協会」とよばれるようになった。わたしは会をたちあげた会員のひとりで、さまざまなことを研究した。色と光、高温と低温、生物の呼吸、音の伝わりかた……などなど。晩年は、外国でキリスト教をひろめる活動に、ほとんどのお金を寄付した。

年表
1627年　アイルランドのウォーターフォード州にあるリズモア城で生まれる
1660年　英国王立協会の創立会員になる
1661年　『懐疑的化学者』を出版する
1662年　ボイルの法則を発表する
1691年　イギリスのロンドンでなくなる

ボイルの法則の身近な例
ボイルの法則によると、ある一定の空間につめこむ気体が多いほど、大きな圧力がかかる。これはタイヤに空気を入れるときに実感できる。タイヤのなかに空気をおしこんでいくと、圧力が大きくなって、タイヤがかたくなってくる。さらに圧力が大きくなると、タイヤは破裂してしまう。

科学を変えた
現代化学の生みの親。
気体の圧力にかんする法則で有名。
英国王立協会の創立に加わり、組織による実験をはじめた。
これにより、科学知識が一気にひろまった。

発明したいもの一覧
1662年、ボイルは発明したいものを24個書きだした。現在その多くは実現している。
＊永遠に消えない明かり。
＊飛行する技術。
＊軽くて、とてもかたい鎧。
＊どんな風でも沈まずに進む船。

かしこい姉
40代からの23年間、ボイルは、ラニラ子爵の妻となっていた姉のキャサリン宅でくらしていた。姉もボイルと同じぐらい頭がよく、ふたりで数多くの実験をしたが、ボイルはそれを自分の手柄にした。ふたりは1691年12月の同じ週になくなった。

ボイルはイギリス人？アイルランド人？
ボイルの父はイギリス人で、アイルランドに土地をもっていた。ボイルは人生のほとんどをイギリスですごしたが、生まれたのはアイルランドで、アイルランド語も話せた。だからアイルランド系だともいえる。

「わたしの研究は、賞をえるためではなく、知識を切望しておこなったものです」

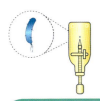

アントニ・ファン・レーウェンフック

オランダのデルフトという小さな町に住んでいたころ、わたしはありふれた男だった。成功した裕福な商人として、地元の人々から頼りにされ、尊敬されていたけど、科学の大発見をするようなタイプじゃなかった。でも、だれもその存在さえも知らない世界、極小の世界に足をふみ入れたとき、その大発見をしたのだ。

顕微鏡で見る

確かに、顕微鏡は目新しいものではなかった。でも、わたしの顕微鏡は、倍率がそれまでの20倍以上もあったんだ。顕微鏡の全長はわずか数センチと小さく、使いづらいものだったけど、のぞくとおどろきの世界がひろがっていた。きみが飲んでいるどの水にも、肉眼では見えない生物がウヨウヨいるって知っていたかい？　これでもう知ったね！

わたしはロンドンの英国王立協会の科学者に手紙を書いて、この発見を知らせたが、信じてもらえなかった。協会の科学者とは知り合いで、それまではわたしの考えを気に入ってくれていたので、自分の目で見てもらうことにした。もちろん、顕微鏡をのぞいたとたん、みんな信じてくれたよ。わたしは有名になっても、死ぬまで楽しく観察を続けた。

年表
1632年　オランダのデルフトで生まれる
1668年ごろ　顕微鏡で観察をはじめる
1673年　英国王立協会に、初めて発見の報告をする
1680年　英国王立協会の会員に選ばれる
1723年　デルフトでなくなる

科学を変えた
はじめて微生物を研究した生物学者。細菌がいることを発見した。レーウェンフックがつくった顕微鏡のおかげで、小さな細胞を目で見られるようになった。

偉人たち
イギリス人科学者ロバート・フック（1635-1703）は、1665年に『顕微鏡図譜』を出版した。この本には、フックが顕微鏡で見てえがいた、みごとな図（ハエの眼の構造など）がのっている。ベストセラーになったので、レーウェンフックもこの本から刺激をうけたかもしれない。

レーウェンフックのレンズ
1600年代、たいていの顕微鏡は30倍ていどにしか拡大できなかった。レーウェンフックはレンズをもっと正確にみがいたりけずったりして、実際の大きさの数百倍に拡大して見られるようにした。1800年代までこのレンズを上回るものはあらわれなかった。

顕微鏡のしくみは？
初めて登場したのは1590年代のこと。標準的な顕微鏡は、筒に湾曲したレンズが2つ以上とりつけてある。顕微鏡で観察すると、レンズによって光が曲がるので、観察中のものが拡大されて見えるしくみだ。

ちっちゃな発見
レーウェンフックが成しとげたこと。
* 歯垢にいる細菌を発見。
* 血液が細胞でできていることを発見。
* 精子と、精子が卵子を受精させるしくみを発見。
* 池の水のなかにいる、とても小さな生物を確認。

31

「わが最大の友は真理である」

アイザック・ニュートン

ぼくはひとりでいるのが好きだから、結婚もしなかったし、友だちづきあいもあまりしなかった。でも、考えることにかんしては、だれにも負けない。集中しすぎてよく食べるのを忘れたっけ！

ある日、庭にすわっているとき、リンゴが木から落ちるのを見た。そのとたん、すべてがふに落ちた。太陽の周りをまわる惑星を軌道にとどめている力と、リンゴを地面に落とす力は、同じものだと気づいたんだ。この力が「引力」だ。引力がどのように働いているのかはよくわからなかったが、たくさんむずかしい計算をして、引力が実際に働いていることを証明した。

探求心

ぼくはレンズのかわりに鏡を使う反射望遠鏡を発明したし、プリズムの実験もしたけど、考えるほうがとくいだった。運動の法則にかんする本『プリンキピア』を出版すると、「理性の時代」を開いた人物としてもてはやされた。でも、そうかな。ぼくは錬金術に手を出したこともあるし、聖書をもとにして、世界が終わる時期を何年もかけて計算したこともある。ぼくの心のなかでは、宇宙はいつまでも謎のままだったんだ。

年表

1642年　イギリスのリンカーンシャーで生まれる
1665-1666年　引力について大発見をする
1668年　ニュートン式の反射望遠鏡を発明する
1687年　『プリンキピア（自然哲学の数学的諸原理）』を出版
1703年　英国王立協会の会長に選ばれる
1704年　『光学』を出版する
1727年　イギリスのロンドンでなくなる

科学を変えた

史上最も偉大な科学者とされている。ニュートンが考えた運動の法則によって、惑星の動きと、地球上のものの落下が説明できる。数学や光学の分野でも重要な発見をした。

変な渦まき

フランスの哲学者ルネ・デカルト（1596-1650）は「われ思う、ゆえにわれあり」といった人物だ。科学者でもあったデカルトは、惑星は、水の渦みたいな何かの「渦」に乗って動いているという説を唱えた。しかしニュートンはこれを、まったくばかげていると批判した。

ニュートンのベスト・ヒット

＊惑星の動きや、地球上のものの落下を、引力で説明した。
＊運動の3法則をしめした。
＊白色光に虹の7色が入っていることを証明した。
＊微分積分学という数学の分野を開いた。

作用と反作用

ニュートンの運動の第3法則によると、ある作用をおよぼすと、それと反対の向きに同じ大きさの反作用がかならず働く。この原理を利用したのがジェット機やロケットのエンジンだ。ガスをうしろ方向に発射させて飛行機や宇宙船は前進する。

リンゴが頭に落ちたから、ひらめいたの？

有名なリンゴの話そのものは本当のことらしい。庭でリンゴが落ちるのを見て引力を考えついたと、ニュートンはよく話していた。でも、頭の上に落ちたわけではない。この部分はつくり話のようだ。

③ 啓蒙と発見の時代

1752年
稲妻
嵐のさなかに凧をあげて、雷と電気にかんする自分の説が正しいことを証明する。

1776年
エレキテル
電気をおこす機械「エレキテル」を手に入れ、修理して復元する。

1778年
化学の魔術師
元素の実験をおこない、初めて「酸素」と命名する。

1781年
夜空に目をむける
アマチュア天文家のハーシェルが、天王星を発見する。

1796年
終わりが見えた
命にかかわる病気を予防するため、世界で初めてワクチンを使用する。

1706–1790
ベンジャミン・フランクリン

1728–1780
平賀源内

1743–1794
アントワーヌ・ラボアジエ

1738–1822
ウィリアム・ハーシェル

1749–1823
エドワード・ジェンナー

1750年代になると、科学的な発見をするための組織がいくつもできた。

そこでは、研究好きな男女が、医学や天文学、化学、物理学、植物学などの分野で、

理論をつくりあげたり、実験をおこなったりしていた。

こうして現代科学の基礎がきずかれた。

この章には、はじめて電気の実験をした人や、地球を構成する元素の実験をした人、

病気と戦う画期的な方法をあみだした人、

子どもが両親に似ている科学的な理由を初めて理解した人など、

たくさんのスーパースターが登場する。

1821年

電気の天才

モーターをつくる。これが将来の電動機にとても大きな影響をあたえることになる。

1824年

化石探し

化石の専門家アニングが、イギリスのライム・レジスにあるジュラ紀の岩のなかにプレシオサウルスの完全な骨格化石を発見。

1843年

コンピューターの予言者

世界で初めてコンピューター・プログラムをかく。デジタル時代を約100年も先どりしていた。

1854年

エンドウマメ

エンドウマメの実験をはじめる。その結果、世代から世代へ特徴がうけつがれるという説が生まれる。

1859年

適者生存

『種の起源』を出版する。この本にある進化論は議論をまきおこすことになる。

1860年ごろ

極小の発見

顕微鏡を使った実験によって、病原菌が病気や感染の原因であることを証明する。

1791-1867
マイケル・ファラデー

1799-1847
メアリー・アニング

1815-1852
エイダ・ラブレス

1822-1884
グレゴール・メンデル

1809-1882
チャールズ・ダーウィン

1822-1895
ルイ・パスツール

「いわれただけでは忘れてしまう。教えられればおぼえるかもしれない。でも、体験すれば身につくだろう」

ベンジャミン・フランクリン

おれは生まれながらの実業家。10歳で学校を卒業し、40歳のころにはすでに大金持ちだった。いそがしい生活のなかで、たくさんのことを成しとげた。郵便事業を進めたり、アメリカ合衆国の建国にかかわったり。それに、科学者でもあった。

好奇心が強かったおれは、電気の実験についての本を読み、雷は電気ではないかという、みごとな推測をした。この説を確かめるために、嵐の日に凧をあげてみた。思ったとおり、電気が湿った凧糸を伝って、はしにむすびつけた鍵に落ち、火花が飛んだ。電気にかんする理論のおかげで、おれは科学の最前線に立った。正の電気と負の電気は、見かたがちがうだけで同じものであり、一部の人がいうような2つの異なる流れではないことを、ちゃんと理解していた。

みんなのために

知識は実際に利用できる役に立つものでなければならないという信念のもとに数多くの発明をした。そのひとつが避雷針。建物のてっぺんにとりつけ、針金で地面とつなぐと、避雷針に落ちた雷は地面へ通りぬけ、建物への被害は防げる。初めて避雷針をフィラデルフィア・アカデミーにとりつけたとき、感激して雷のような衝撃が走ったよ!

年表

1706年 マサチューセッツ州のボストンで生まれる
1723年 17歳でペンシルベニアに移る
1752年 雷が電気であることを実験で証明する
1776年 アメリカ独立宣言の作成にかかわる
1783年 パリ条約に調印し、アメリカ独立戦争を終わらせる
1790年 ペンシルベニア州フィラデルフィアでなくなる

本当に雷のなかに凧をあげたの?

フランクリンは慎重な人だったので、凧は雷のなかではなく、嵐の雲にむけてあげた。ドイツの科学者ゲオルク・リヒマンは、1753年に雷雨のさなかに電気実験をしていて、落雷でなくなった。

科学を変えた

アメリカ合衆国建国の父。電気の理解に重要な進歩をもたらした、影響力の大きな科学者でもある。科学で日常生活をよりよくする方法を見つけようとした先駆者。

気前のいい科学者

フランクリンは、発明しても特許はとらなかった。特許をとれば利益をひとりじめできるのに、そうせずに、だれでも無料で発明を利用できるようにした。次のように書き残している。
「自分の発明が他人の役に立つことを喜ぶべきであり、これを進んで気前よくすべきである」

海図をえがく

フランクリンは、メキシコ湾流という、北アメリカの東海岸沿いを流れる暖流を初めて図で表した。大西洋を航海してきた経験ゆたかな船長から話を聞いて海図を作成し、1770年に発表した。

いつでも発明家

フランクリンはさまざまな発明をした。
* 水泳用のフィン はやく泳ぐための、手でもつタイプの、楕円形をした木製のヒレ。
* フランクリン・ストーブ とても暖かくて煙が少ない暖炉。
* 遠近両用めがね 遠くも近くも見えにくい人のためのめがね。

37

「ああ、なんと変わった人よ。好みもおこないも常識をこえていた……」（蘭学者、杉田玄白の言葉）

平賀源内

さまざまな分野で才能を発揮したわたしは、日本のダ・ビンチといわれている。自由奔放で、人がおどろくようなことをするのが大好きだった。「魔法つかい」「大ぼらふき」などと悪口もいわれたけどね。身分制度にしばられるのもいやだったし、ひとつの学問におさまるのもいやだったんだ。

長崎で刺激をうける

わたしは小さいころから植物に興味があり、殿さまの薬草園で働いたあと、長崎へ勉強をしにいった。当時の日本は、ほかの国とつきあわない鎖国中で、長崎だけが外国との窓口だった。そんな長崎で、わたしは外国のめずらしい品々のとりこになり、まねをして自分でもいろいろとつくってみた。なかでもエレキテルは大評判だったよ。

わたしは身につけた学問を使って商売をした。物産会を開いたり、小説を書いたり、鉱物を売ったり。「土用の丑の日にウナギを食べると夏バテが防げる」というウナギ屋の宣伝文句を考えたり、歯みがき粉を宣伝する歌をつくったりもした。でも、学問をお金にかえるなんてケシカランと批判されたんだ。生まれるのが少しはやすぎたのかもしれないな。

年表
- 1728年 讃岐国（今の香川県）で生まれる
- 1752年 長崎へいき、オランダの文化にふれる
- 1756年 江戸に出る
- 1759年 江戸で物産会を主催する
- 1776年 エレキテルを復元する
- 1780年 人を斬って捕らえられ、牢屋のなかでなくなる

科学を変えた
江戸時代の本草学（薬学・博物学）者、発明家。ほかにも、小説や戯曲、西洋画、陶器づくり、鉱山の仕事にも関心があった。外国のめずらしい品物をまねて、自分でつくるのがとくいだった。

酔っぱらう天神さま
12歳のとき、酒をそなえると顔が赤くなるという、からくりの掛け軸「お神酒天神」をつくって評判になった。これは、顔の部分だけ薄紙にかかれていて、うしろのひもを引くと、裏の赤い紙が顔の部分にあらわれるしくみだった。

物産会
物産会とは、本草（薬となる植物・動物・鉱物）などを各地から集めた、博覧会のようなもの。源内の提案によって、日本初となる物産会が開かれ、大成功をおさめた。

エレキテルって何？
エレキテルは電気をおこす機械で、木の箱から銅線がつきだした形をしている。ハンドルをまわすと箱のなかのガラス瓶がこすれ、その摩擦で静電気がおきる。その静電気が集まって銅線に流れるしくみだ。この機械でどんな病気も治るとされていた。源内は、長崎でオランダ製のエレキテルを手に入れたがこわれていたので、修理して復元した。

外国の品をまねてつくったもの
- *磁針器　針の向きで方角がわかる方位磁石。
- *寒暖計　気温をはかる温度計。
- *量程器　歩いた距離がわかる万歩計。
- *火浣布　石綿でつくった燃えない布。
- *エレキテル　電気をおこす機械。

「何も失われず、何も創造されず、
　すべては変化するだけだ」

アントワーヌ・ラボアジエ

最高の人生だった……首を切り落とされるまではね。ぼくはフランスの裕福な上流階級に生まれ、知識と頭脳で世界をよくできると考えていた。国のために働いたけど、あいた時間は化学にうちこんだ。

金属の実験では、金属に火をつけ、燃えるときの金属とその周りの空気のようすを観察した。すると、金属は軽くなるのではなく重くなることがわかった。一部の科学者がいっていたように、何かが金属から失われるのではなく、加えられていたんだ。この「何か」が空気中の気体だとわかり、ぼくはそれを「酸素」と名づけた。水素と酸素の気体があわさると、水ができることにも気づいたんだよ。

革命的な出来事

ぼくは、鉄や水素といった「元素」は、変化こそしないが、組みあわさることで複雑な物質になることに気づいた。1789年、この画期的な考えを『化学原論』という本で説明した。

ぼくにとっては残念なことに、もうひとつの革命も進んでいた。フランス革命だ。あいにく、革命家たちはぼくの科学には関心がなく、裕福なぼくが人々の敵に見えたらしい。だから首を切り落とされたんだ。

年表

- 1743年　フランスのパリで生まれる
- 1768年　フランス科学アカデミーの会員に選ばれる
- 1777年　燃焼における酸素の役割をつきとめる
- 1789年　『化学原論』を出版する
- 1794年　パリでギロチンによって処刑される

化学以外の活動

ラボアジエは、単なる化学者ではなかった。
* フランスの地質図の作成にかかわった。
* 王立の兵器工場で、火薬の質を向上させた。
* メートル法の制定にとりくんだ。

化学の革命

現代化学に貢献した、その他の化学者たち
* ジョゼフ・ブラック（1728－1799）空気中の二酸化炭素を発見した。
* ジョゼフ・プリーストリー（1733－1804）ラボアジエよりも先に酸素を発見した。
* ジョン・ドルトン（1766－1844）元素は原子という小さな粒子でできているといった。

科学を変えた

現代化学の父。燃焼における酸素の役割を発見したことで有名。『化学原論』は世界初の現代化学の教科書だとみなされている。

なぜ処刑されたの？

ラボアジエはフランス国王に「徴税請負人（税金を集めて収入をえる人）」としてつかえていた。徴税請負人はみんなからきらわれる仕事だった。フランス革命で国王が処刑されると、徴税請負人は全員逮捕され、ラボアジエは革命裁判でギロチンの刑をいいわたされた。

呼吸と燃焼

ラボアジエはモルモットを使った実験で、息をすったりはいたりするときに出る気体を調べ、そのときに出る熱をはかった。そして、呼吸はロウソクの炎と同じ影響を空気にあたえる、つまり呼吸はゆるやかな燃焼だと結論づけた。

「わたしは人類がそれまで
見たことのなかった遠い宇宙を見た」

ウィリアム・ハーシェル

　天文学のとりこになったわしは、望遠鏡をつくって家の庭においた。晴れた夜に望遠鏡をのぞくと、おどろきの世界がひろがっていた。目をきたえて、かすかなガスの雲（星雲）や星の集まり（星団）を見つけだし、その位置をていねいに表にしていったんだ。

思いがけない幸運

　ある夜、わしは彗星でも恒星でもない天体を見つけた。それまで知られていない惑星だった。わしはこの星を、イギリス国王ジョージ3世にちなんで「ジョージの星」とよんだが、ほかの科学者は「天王星」とよぶほうを好んだので、けっきょくその名前に落ちついた（英語ではギリシア神話の神の名にちなんで「ウラヌス」という）。この発見のおかげでわしは有名になり、国王につかえる天文官になった。すべての時間を夜空の観察にあて、当時で世界最大の望遠鏡もつくった。

　でも、どれだけ多くの星雲や星団を表にしても、それがどんな星なのかはわからなかった。わしが目にしているのは、われわれのいる銀河系の外にある銀河や、地球から途方もなく離れた場所で、ものすごく長い時間をかけて生まれたり死んだりしている恒星ではないかと思っていたんだ。けど、真実を知るには、わしよりもすぐれた望遠鏡をつくる天文学者の登場をまたなければならなかった。

年表
- 1738年　ドイツのハノーファーで生まれる
- 1757年　イギリスに移りすむ
- 1773年　惑星や恒星の観測をはじめる
- 1781年　新たな惑星「天王星」を発見する
- 1785年　巨大な40フィート（12メートル）望遠鏡をつくる
- 1822年　イギリスのスラウでなくなる

科学を変えた
惑星である天王星を発見して有名になったが、それだけではない。巨大な望遠鏡を自分でつくって、遠い宇宙を調べ、宇宙が予想以上に大きくて古いことを明らかにした。

妹も息子も科学者
ハーシェルの妹カロライン（1750-1848）は、兄といっしょに研究をした。最初は助手だったが、やがて妹自身もすぐれた天文学者だと認められるようになる。8つの彗星を発見し、有名な星表を発表した。息子のジョン（1792-1871）も天文学などの分野で活躍した。

あまい調べ
音楽一家に生まれたハーシェルは、天文学者として有名になるまえは、作曲家や演奏者として活躍していた。24曲の交響曲や14曲の協奏曲をつくった。また数多くの音楽会で、オーボエやバイオリン、ハープシコードを演奏した。

宇宙人を信じていた？
ハーシェルは地球外生命の存在を信じていた。月や火星だけでなく、遠い銀河にある未知の惑星にも生物がいると考えていた。太陽のなかにも知的な生物がいるかもしれないとまで書き残している！

ハーシェルによる天文学上の発見
* 惑星である天王星。
* 土星の衛星2個と天王星の衛星2個。
* 3500もの星雲や星団。
* 火星の極地の氷冠が季節によって変化すること。
* エネルギーの一形態である赤外線放射。プリズムの実験中に発見した。

「いつの日か……天然痘をなくしたい」

エドワード・ジェンナー

　ぼくが生きていた時代、天然痘は世界じゅうでおそれられていた。この病気は山火事のようにすごいいきおいでひろまり、患者の体じゅうに気味の悪い水ぶくれができる。多くの人が死に、生き残った場合も水ぶくれのみにくいあとが残るし、失明することもあった。天然痘は大問題だったんだ！　当時この病気を防ぐには、天然痘を注射するしかなかった！　でも、この方法では重症になって死ぬことさえあった。

ぼくのワクチンが登場

　イギリスのいなかで医者をしていたぼくは、地元で乳しぼりをするむすめたちは、牛痘にはかかるが、天然痘にはかからないことに気づいた。牛痘とは、乳をしぼる牛からうつる病気で、天然痘よりもずっと軽い。そこでぼくは、庭師のむすこで8歳になるジェームズ・フィップスを牛痘に感染させ、その少年に天然痘を注射してみた。すると、奇跡のように何もおこらなかった。少年には免疫ができていたんだ。
　この発見を発表したけど、みんなはぼくをばかにした。牛痘を注射すると牛の頭が生えてくるんじゃないかってわらったんだ。でも、すぐにぼくが正しいことがわかって、救世主としてもてはやされるようになった。ぼくは集団予防接種の運動をはじめた。みんなが予防接種をうければ、この病気はこの世からなくなると思ったからだ。やがて、そのとおりになった。

年表
1749年　イギリスのバークリーで生まれる
1796年　少年に牛痘を接種する
1798年　「ワクチン」の実験結果を発表する
1803年　牛痘法によるワクチン接種をひろめる協会をつくる
1823年　イギリスのバークリーでなくなる

偉人たち
1717年、トルコ駐在のイギリス大使の夫人だったメアリー・モンタギュー（1689-1762）は、天然痘を予防するためのアジアの習慣「人痘法」を目撃し、イギリスにもどってからそれをひろめる運動をした。その結果、多くの人が自分の子どもに人痘法で接種をした。その後、ジェンナーがより安全な方法をひろめた。

科学を変えた
イギリスの医師。毎年何十万人もの命をうばっていた、天然痘というおそろしい病気を予防するワクチンを開発した。ジェンナーの研究は、のちに集団予防接種運動につながった。

科学用語の説明
＊人痘法　ジェンナー以前におこなわれていた天然痘の予防法。少量の天然痘を使って人間をわざと感染させた。
＊牛痘法　ジェンナーが考えた天然痘の予防法。牛痘の「ワクチン」を使って人間を感染させた。

カッコウ、それとも？
自然にとても興味があったジェンナーは、カッコウがほかの鳥の巣に卵を産む習性を初めて研究した。意外にも、ロンドンの有名な英国王立協会の会員になれたのは、画期的な天然痘の研究ではなく、カッコウの研究のおかげだった。

天然痘はどうなった？
1853年、イギリス議会はすべての子どもに対して天然痘の予防接種を義務づけた。集団予防接種運動はしだいに世界じゅうにひろまっていった。1980年、世界保健機関は、天然痘が地球上から根絶されたことを宣言した。

45

「自然の法則に従っているならば、
どんなに不思議なことでも、それは真実である」

マイケル・ファラデー

ぼくが科学者になる見こみなんてなかった。家はまずしくて、ほとんど教育もうけなかったからね。でも、ぼくは科学のとりこになったんだ。ロンドンの英国王立研究所で、有名な科学者サー・ハンフリー・デービーの助手になると、地下の研究室で自分の実験をする時間がもてるようになった。

生まれながらに活動的

「電気」という言葉が流行していた当時、ぼくの研究によって、世界が予想以上に奇妙なことがわかった。ぼくは、電気と磁気から目に見えない力の場が生まれるのではないかと考えた。そして磁石が光に影響をおよぼすことを発見した。不思議だろ？ 磁石と鉄の環と数本の銅線だけで、うまく電動機と発電機をつくったこともあるんだよ。

ぼくには、研究への情熱を語ることで周りの人を刺激する才能があった。英国王立研究所でのぼくの講義は、いつも満員だったよ。政府に雇われて灯台を改良したり、初の汚染反対運動をおこしたりもした。有名人になったけど、身分は低いままで平気だった。ぼくは、ナイトの位を辞退して、ウェストミンスター寺院の墓地に埋葬されるのをことわり、質素な墓に入った。

年表
- 1791年　イギリスのロンドンで生まれる
- 1813年　英国王立研究所の化学助手になる
- 1821年　原始的な電動機をつくる
- 1825年　英国王立研究所で一般向けの講義をはじめる
- 1831年　世界初の発電機をつくる
- 1867年　イギリスのロンドンでなくなる

科学を変えた
イギリスの化学者であり物理学者。科学知識をひろめるのに成功した。電気に対する理解を大いに深め、電気の力を幅広く実用化するための土台をきずいた。

英国王立研究所
ファラデーは研究の大半を英国王立研究所でおこなった。この研究所は、科学知識をひろめ、科学によって毎日の生活をよくすることを目的として、1799年にロンドンに設立された。ファラデーがはじめた有名な「クリスマス講座」は、今も続いている。

しびれるような人物
* ルイージ・ガルヴァーニ（1737－1798）死んだカエルの足の筋肉に電気を流すとけいれんすることを発見した。
* アレッサンドロ・ボルタ（1745－1827）世界で初めて電池を発明した。
* ジェームズ・クラーク・マクスウェル（1831－1879）ファラデーの電磁場理論を発展させた。

ファラデーは電動機を発明した？
そのとおり、発明した。その後、電動機を機械の動力源として使えるようにしたのが、イギリスの科学者ウィリアム・スタージャン（1832年に）と、ドイツの技術者モーリッツ・フォン・ヤコビ（1834年に）だ。

ファラデーの科学
* 変圧器や発電機の原理である「電磁誘導」を発見した。
* 電動機の原理である「電磁回転」を発見した。
* 電気と磁気によって「力の場」が生まれると考えた。
* 原始的な形のブンゼン・バーナーをつくった。

47

「彼女が有名になったのは、当然のことだ」
（作家チャールズ・ディケンズの言葉）

メアリー・アニング

わたしは科学者とよばれたことは一度もありませんでした。なんといってもわたしは女性で、当時、女性はまともにとりあってもらえなかったのです。まずしい家で育ったせいもあったでしょう。でも、だれよりも化石にくわしい自信はありました。

海に近いライム・レジスに住んでいたので、化石を売ってわずかなお金をかせいでいました。近くの崖には化石がたくさん出たのです。12歳のときに兄といっしょに見つけた大きな骨格の化石は、高い値段で売れました。それがイクチオサウルスの化石だったとわかり、ロンドンに展示されたんです。すごいでしょ！

古代生物が明らかに

わたしはすぐに、化石を集めるだけでなく、見わけるのも上手になりました。わたしが開いた店は、化石収集家のあいだで評判だったんですよ。どんな大学教授よりも化石にくわしかったので、地質学者に意見をもとめられることもありました。

わたしの研究によって、しだいに過去の見かたが変わってきました。地球はそれまで考えられていたよりも古く、かつては地球上にいたけれど姿を消してしまった生物がたくさんいることがわかったのです。それでもわたしは、科学者として認めてもらえないまま死にました。まぎれもない科学者なんですけどね。

年表
1799年　イギリスのドーセット州ライム・レジスで生まれる
1811年　イクチオサウルスの化石を見つける
1823年　プレシオサウルスの完全な化石をはじめて見つける
1826年　ライム・レジスで化石を売る店を開く
1847年　イギリスのライム・レジスでなくなる

ウンチにかんするウンチク
アニングは当時「胃石」と思われていた小さな化石の研究によって、自分に科学者の才能があることをしめした。その化石が見つかった場所や、なかにふくまれていたものを調べて、それがイクチオサウルスとプレシオサウルスの糞（ウンチ）の化石であることを証明したのだ。現在、こうしたウンチの化石は「糞石」とよばれる。

科学を変えた
イギリス南部の化石を採集・研究し、古代生物への理解をぬりかえた。科学に貢献したが、残念なことに、生きているあいだはちゃんと評価されなかった。

化石探し
アニングが発見した化石のなかでいちばん目を見はるのは、巨大なハ虫類であるイクチオサウルスとプレシオサウルスの骨格だ。この2種は三畳紀の海にあらわれ、2億5000万年から1億9000万年前まで生きていた。またアニングは、空を飛ぶ大型のハ虫類である「翼竜」の骨格も発見した。

危機一髪
* 1800年8月、赤ん坊だったアニングと3人の女性に雷が落ちた。3人は死亡したが、アニングは奇跡的に助かった。
* 1833年、化石を探していて崖から落ちかけた。そのとき白黒ぶちの愛犬トレイは死んでしまった。

アニングは恐竜を発見した？
アニングが発見した大きな化石は、恐竜ではなく、大型のハ虫類だ。最初に恐竜を見つけたのはウィリアム・バックランドで、1824年にメガロサウルスを発見した。この恐竜の骨は、イギリス中部のオックスフォードシャー州にある石灰石の採石場で見つかった。

「わたしの頭脳は、
単に死にむかうだけではない」

50

エイダ・ラブレス

　両親はイカれた有名人で、わたしが生まれたとたんに離婚しました。父は、気の狂った悪人として有名な、詩人のバイロンです。でも母のおかげで、数学と科学の教育をうけることができました。当時の女の子としてはめずらしかったんですよ。だから、詩人の父のように狂ったりしませんでした。わたし自身もいくつものスキャンダルをおこしたけど、けっきょくはとくいな数学の道に進みました。

コンピューターの天才

　18歳のとき、計算をする機械を研究しているチャールズ・バベッジに出会いました。バベッジは、パンチカードを使ってプログラムできる「解析機関」というコンピューターを設計していて、わたしはそれにとても興味をもったのです。バベッジは機械で数学演算をしようとしていましたが、わたしはそれ以上のことができると思い、アルゴリズム（コンピューターのプログラムを組むための指示の手順）を書きました。そしてバベッジに、指示を数字で表しさえすれば、その機械で何でもやりたいことができると説明しました。でも残念ながら、バベッジは実際につくろうとはしませんでした。わたしは、どうかって？　デジタル情報時代がくることは予想していましたが、病気がちだったわたしは若くして死んだんです。

年表
- 1815年　イギリスのロンドンで生まれる
- 1830年　恩師メアリー・サマーヴィルと出会う
- 1833年　バベッジの計算機実験に興味をもつ
- 1843年　解析機関用のコンピューター・プログラムをかく
- 1852年　イギリスのロンドンでなくなる

科学を変えた
コンピューター時代の到来を予言したことで有名。コンピューターが実用化される100年も前に、その大きな可能性に気づいていた。世界初のコンピューター・プログラムを書いたとされている。

コンピューターのようなもの
1800年代、ハーマン・ホレリス（1860-1929）は、本物のコンピューターにいちばん近いものを考案した。それは1890年のアメリカ国勢調査の結果を集計するためのものだった。データをパンチカードで入れると、あっという間に機械から集計結果が出てくるしくみだった。

バベッジのすばらしい機械
イギリスの数学者チャールズ・バベッジ（1791-1871）は計算機で有名だが、自分で完成させたことはない。「階差機関」という計算機に20年間とりくんだが、完成できなかった。次に、「解析機関」というプログラム可能なコンピューターを計画したが、これも完成しなかった！

エイダ・ラブレスの日って何？
エイダ・ラブレスの日とは、過去と現在、科学・数学・工学・技術の分野に貢献した、世界じゅうの女性をたたえる日だ。2009年から毎年イベントが開かれている。

ロマンチックな科学
ラブレスは自分を「ロマンチックな科学者」とよび、現実ばなれしたアイデアをもっていた。彼女が挑戦したけれど実現できなかったものは、次のとおり。
* 蒸気で飛ぶ機械。
* ギャンブルで確実に勝つ方法。
* 脳が考えを生みだす方法を、数学で説明すること。

51

「ぼくは、自分の研究に
とても満足しているんだ」

グレゴール・メンデル

ぼくはすごい天才で、とくに物理学と数学がとくいだった。まずしい農家に生まれたけど、両親はぼくを大学に入れてくれた。その後、修道士になったら、みんなおどろいてたよ。予想外だったみたいだね！ありがたいことに、ぼくが入った修道院には実験施設があって、ウィーンへの留学もゆるしてくれたんだ。

雑種とその遺伝子

ぼくは植物栽培の知識があったから、いろんな特徴がうけつがれるしくみを研究することにした。ある植物と別の植物をかけ合わせると雑種ができることは知られていたけど、そのしくみは謎のままだったんだ。

8年間、ぼくは修道院の庭でエンドウマメを育て、世代ごとのちがいを調べた。2つの異なる植物間で受粉させて、その結果を記録するんだ。たとえば、緑色の豆と黄色の豆をかけ合わせたりね。数学の知識をいかして結果を統計的に分析することで、ぼくは遺伝の法則を見つけ、のちに「遺伝子」とよばれるものをつきとめた。でも、その成果はだれにも理解してもらえなかった。世に認められないまま、死ぬまで修道院ですごし、ぼくの発見もほとんど忘れられてしまったんだ。

年表

1822年　オーストリア帝国（いまのチェコ）のモラビアで生まれる
1854年　モラビアのブルノにある聖アウグスチノ修道院でエンドウマメの実験をはじめる
1866年　研究論文「植物雑種にかんする実験」を発表する
1868年　修道院長になる
1884年　モラビアのブルノでなくなる

メンデル式遺伝

メンデルの実験によって、背の高い植物と低い植物をかけ合わせてできる雑種は、高いか低いかのどちらかであり、けっして中間の高さのものにはならないことがわかった。メンデルは、雑種はそれぞれの形質について2種類（両親からひとつずつ）の遺伝子をうけつぎ、子孫はかならずどちらか一方の親に似るという結論をみちびきだした。

科学を変えた

現代遺伝学の基礎をきずいた科学者。すぐれた研究をして、一般的な遺伝法則をたくさん見つけた。特定の特徴が世代から世代へ伝えられるしくみを見つけたのだ。

やっかいなハチ

メンデルは、エンドウマメだけでなくハチも研究していて、特殊な巣箱で育てていた。こまったことに、このハチは、ほかの修道士をしょっちゅう刺した。何度も文句をいわれて、しぶしぶハチを手放すことになった。

優性遺伝子

メンデルは、遺伝子には強いもの（優性）と弱いもの（劣性）があることを証明した。紫色の花の植物と白色の花の植物をかけ合わせれば、子の代には紫色の花がさく。つまり、紫色の遺伝子のほうが強くあらわれる。

なぜメンデルの研究は無視されたの？

メンデルの研究は注目されなかった。修道士が画期的な発見をするとは、だれも思わなかったからだ。しかし、1900年ごろに別の学者たちがメンデルと同じ発見をすると、最初の発見者としてメンデルは認められるようになった。

「平気で1時間を無駄にする者は、
人生の価値をまだ見いだしていない者だ」

チャールズ・ダーウィン

アマチュアの博物学者だったわしは、22歳のとき、英国軍艦ビーグル号の乗客として船旅をするチャンスにとびついた。ビーグル号は南アメリカの未知の海岸を調べる船だった。5年間の船旅であちこちに立ちより、ブラジルの熱帯雨林やガラパゴス諸島といった異国の地で、見なれない動物や植物をたくさん観察した。

進化論

イギリスに帰ると、わしは旅の記録や目にした不思議なものを書き記し、ちょっとした有名人になった。家でしずかにくらしたが、自然の研究はけっしてやめなかった。家ですごした数年間は、フジツボやミミズや食虫植物についても、徹底的に研究をしたんだぞ。

ビーグル号の旅に思いをめぐらせて、わしは地球上の生物を説明する理論を考えだした。自然選択によって進化するという考えを発表したとき、新聞にはサルの姿をしたわしの風刺画がのった。わしが、人間は類人猿の子孫だといったからだ。一部の宗教団体からは批判されたが、わしの考えは人間と自然を理解する画期的な方法だとして、科学者にはうけ入れられた。

年表
1809年　イギリスのシュロップシャー州で生まれる
1831-1836年　ビーグル号で世界じゅうを航海する
1859年　『種の起源』を書く
1871年　人間の起源にかんする『人間の由来』を出版する
1882年　イギリスのケント州でなくなる

科学を変えた
イギリスの自然科学者。すべての新種は自然選択によって進化し、人間もこの方法であらわれたという理論で有名。ダーウィンの進化論は現代生命科学の基礎になった。

偉人たち
フランスの自然科学者ジャン＝バティスト・ラマルク（1744-1829）は、1802年に進化論を初めて考えだした人物だが、動物は、生まれつきとはちがう「努力」によって進歩した自身の特徴を子にうけつぐことができると主張した。高い所にある葉を食べようとするうちに首がのびたキリンがいて、そのキリンの努力の成果としての長い首が子孫にうけつがれたというのだ。ダーウィンはこれがまったくのまちがいであることを証明した。

ガラパゴスで大発見
ダーウィンは、1835年にビーグル号でガラパゴス諸島をおとずれた。そこで、近縁の関係にある鳥が、ちがう島でちがう種として存在していることに気づき、同じ原種から進化したものだという結論を出した。

ダーウィンの進化論を教会は認めなかった？
キリスト教徒のなかにはダーウィンの説を非難する人もいた。彼の説では、聖書に書かれた天地創造の話とはちがって、人間が類人猿の子孫だとされていたからだ。しかし、イギリスの教会はダーウィンの研究を認め、葬儀ののちはウェストミンスター寺院に埋葬した。

トップブリーダー
ダーウィンは、畜産家が太ったウシやブタをつくりだすために、動物をえり分けて繁殖させていることを知った。この場合も進化の理論が働き、生存競争によって、環境に最も適応した動物が子を残せるようになるのではないかと考え、これを「自然選択」とよんだ。

ルイ・パスツール

人類の歴史は、原因不明の死の病にむしばまれていた。死の病を防ぐ方法はほとんどなく、どうすればよいか、だれも知らなかった。ぼくが登場するまではね。

小さなものを見る

顕微鏡には脱帽するよ。肉眼では見えないような、ちっちゃな微生物の世界を見せてくれるんだからね。ぼくは、微生物が多くのものごとの鍵をにぎっているのに、それが正しく理解されていないことに気づいた。たとえば、古い牛乳がすっぱくなるのも微生物のせいだ。とくに重要なのは、すっごく小さな病原菌のせいで、病気になったり傷口が感染したりするとわかったこと。確かに、この考えを思いついたのはぼくじゃないけど、証明したのはぼくなんだ！

当時、イヌからうつる狂犬病は、とてもおそろしい病気で、死ぬこともあった。たまたま、9歳のヨゼフ・マイスターが、狂犬病にかかったイヌにひどくかまれたことがあった。ぼくは自分がつくったワクチンをその少年にためした。すると病気は発症しなかった。ワクチンが効いたんだ！　現在でも、狂犬病にかかるおそれがある場合は、人も動物もワクチンを打つ。ところで、ぼくは国民的な英雄になり、ぼくの死後もみんながりっぱな研究を続けられるように、研究所をつくったんだよ。

年表
1822年　フランスのドールで生まれる
1862年　ワインとビールで低温殺菌の実験をする
1885年　狂犬病ワクチンを初めてためす
1888年　パスツール研究所をつくる
1895年　フランスのパリでなくなる

科学を変えた
フランスの微生物学者。病気は病原菌の感染によってひろまることを明らかにした。ワクチンを開発して命にかかわる病気と戦っただけでなく、低温殺菌の技術で食の安全にも革命をもたらした。

偉人たち
イギリスの外科医ジョゼフ・リスター（1827-1912）は、感染にかんするパスツールの考えを外科手術に応用した。手術器具を殺菌して、手術のときに傷口をていねいに消毒することで、リスターは多くの患者を感染による死から守った。

ウジ虫と病原菌
当時の科学者のなかには「自然発生説」を信じている者もいた。死体からウジ虫が生まれ、泥から病原菌が生まれると信じていたのだ。1862年、パスツールは、殺菌してから密閉容器に入れておけば、命のないものから生物が生まれることはないことを、実験で証明した。ウジ虫はハエからしか生まれず、病原菌は病原菌からしか生まれないのだ。

個人的なきっかけ
パスツールには子どもが5人いた。そのうち2人が、当時は治療法がなかった腸チフスという感染症でなくなった。家族をおそったこの悲劇がきっかけで、パスツールは感染症の予防法や治療法を探しもとめたといわれている。

低温殺菌って何？
低温殺菌は食品加工の技術だ。食べ物や飲み物を微生物を殺すのに十分な温度に加熱してから、もう一度冷やす。こうすることで食べ物や飲み物の賞味期限がのびて、人体に悪影響をおよぼさなくなる。

④ 現代

現代はあらゆる科学が爆発した時代だ（実際の爆発もおこった）。
世界じゅうがワクワクして見まもるなか、
科学界のヒーローたちが、想像もつかないことをどんどん実現していった。
初の抗生物質、初の核爆発、初のノーベル賞と、初めてづくしだ。
DNA構造の発見や、宇宙の膨張などの大発見もあった。
でも、現代はまだ終わっていない。
20世紀には画期的だと思われた出来事も、
過去の例と同じように、科学の新時代のはじまりにすぎないのだ。

1899年
精神科医
「精神分析」という言葉をつくったことで有名なフロイトが『夢判断』を出版する。

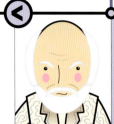

1856–1939
ジークムント・フロイト

1902年
よだれをたらすイヌ
実験室のイヌで条件反射の研究をはじめる。

1849–1936
イワン・パブロフ

1903年
かがやくおくりもの
放射線の研究でノーベル物理学賞を受賞。

1867–1934
マリー・キュリー

1905年
空間と時間
特殊相対性理論を発表。宇宙のしくみについて新たな解釈をしめす。

1879–1955
アルベルト・アインシュタイン

1917年
粘菌を発見
自宅の柿の木で新属の粘菌を発見する。

1867–1941
南方熊楠

1926年
発射！
マサチューセッツ州で、初の液体燃料ロケットを打ちあげる。

1882–1945
ロバート・ゴダード

1928年 特効薬
世界初の抗生物質「ペニシリン」を発見する。

1929年 どんどん大きく
宇宙が予想以上に大きいことをしめしたハッブルが、じつは宇宙は膨張していると発表する。

1939年 分子の不思議
化学の教授だったポーリングが『化学結合の本性』を出版する。

1945年 核爆発
ニューメキシコ州で、世界初の原子爆弾投下を指揮する。

1948年ごろ ジャンピング遺伝子
遺伝子は生物の遺伝物質内で動くことはないという考えに疑問をもつ。

1950年 考える機械
機械が思考できるかどうかを調べる人工知能用のテストを考案する。

1881–1955 アレクサンダー・フレミング

1889–1953 エドウィン・ハッブル

1901–1994 ライナス・ポーリング

1904–1967 ロバート・オッペンハイマー

1902–1992 バーバラ・マクリントック

1912–1954 アラン・チューリング

1953年 二重らせんコンビ
DNAの分子構造を発見する。

1955年ごろ コンピューターの天才
世界初の、使いやすいコンピューター・プログラミング言語を開発する。

1962年 緑の地球
『沈黙の春』を出版し、現在に続く環境保護運動をはじめる。

1971年 人間そっくりの類人猿
チンパンジーのおどろくべき行動をくわしく書いた、『森の隣人 チンパンジーと私』を出版する。

1988年 宇宙の解明
『ホーキング、宇宙を語る』を出版し、1000万部以上のベストセラーになる。

1989年 WWWを開始
だれもがつながる世界をめざしてワールド・ワイド・ウェブ（WWW）を考案する。

1928–／1916–2004 ワトソンとクリック

1906–1992 グレース・ホッパー

1907–1964 レイチェル・カーソン

1934– ジェーン・グドール

1942– スティーブン・ホーキング

1955– ティム・バーナーズ＝リー

ジークムント・フロイト

わしは大学で医学を学びはじめてすぐに、見た目ではわからない病気をわずらっている患者がいることに気づいた。奇妙な不安になやまされている患者だ。すごく変わっている患者もいて、わしは「ネズミ男」や「オオカミ男」というおかしな名前をつけた。

世界でいちばん有名な精神科医

やがて、わしはある理論をつくりあげた。人々は原始的な衝動と感情によって行動しているというものだ。その衝動はたいてい無意識で、自分が感じていると思っていることと正反対なことが多い。わしは、患者と話すことで患者のかくされた感情を明らかにする仕事をはじめ、この方法を精神分析とよんだ。本当の自分に向きあえば、患者がいやされると思ったんだ。人間関係、宗教、子ども時代、さらには死など、人間の行動のあらゆる面について、わしは自分の考えをもっていた。とっぴに思える考えもあったので、多くの人の怒りをかった。でも超有名になって、わしの考えは世界のとらえかたを変えたんだ。

ずっと住んでいたオーストリアが、1938年、ナチスによって占領されてしまった。ナチスは、ユダヤ人だからという理由でわしをきらった。だからロンドンに亡命し、まもなくして死んだ。

年表
- 1856年 オーストリアのフライベルクで生まれる
- 1899年 『夢判断』を出版する
- 1910年 国際精神分析学会をつくる
- 1938年 ナチスからのがれるために、イギリスのロンドンに亡命する
- 1939年 イギリスのロンドンでなくなる

フロイト的失言
無意識の感情が、いいまちがいによって思いがけずおもてに表れることがあると、フロイトは主張している。たとえば、じつはきらいな友人と出会ったとき、「会えてうれしいよ」というかわりに「会えて悲しいよ」といってしまう……。

科学を変えた
人の心を理解して、葛藤や異常行動を説明しようとした医師。うつ病や不安といった心の不調を治す「お話療法」として、精神分析を考えだした。

すべては心のなかに
フロイトの重要な考えは、次のとおり。
- 自我（理性的な自分）が行動をコントロールするのではない。無意識の衝動で行動するのだ。
- 夢を正しく解釈すれば、その人のかくされた欲望がわかる。
- 精神分析によって心の問題をいやせる。患者は話をすることで、自分の無意識の願望を整理することができる。

偉人たち
スイスの心理学者カール・ユング（1875–1961）はフロイトの弟子だったが、やがて別れて独自の考えを展開した。人のタイプを、社交的な外向型と内気な内向型にわけた。この言葉は今でも使われている。またユングは「集合的無意識」という独創的な考えももっていた。これは、個人の心のなかには祖先が経験してきた全人類共通の情報があるという考えだ。

フロイトは本当の科学者か？
まちがいなくフロイト自身は科学者のつもりでいた。自分の理論を証明するような、動かぬ証拠を見いだそうとしたし、脳研究によって将来証明されることも願っていた。でも、精神分析はただの聞こえのいい理論で、実際はだれにも証明できないと批判する人も多い。

「神経系は、地球上で最も複雑で精密な機器だ」

イワン・パブロフ

　牧師のむすこだったわたしは、父と同じ道を歩むつもりだったけど、道をそれて、サンクトペテルブルクで勉強することにした。体の働きを研究する生理学に興味をもったんだ。実験医学研究所に自分の生理学実験室をつくり、何年もかけてイヌの消化器系を観察した。楽しくなさそうって思うかもしれないけど、それでノーベル賞をもらったんだぞ！

はらぺこワンちゃん

　わたしの才能は唾液（つば）のなかにあった！　つばを出すことも消化の一面だ。わたしの実験室にいたイヌは、エサを見るとかならずよだれをダラダラたらした。この反射行動はとても自然なことだ。おいしそうな食べ物の写真を見せられたら、きみだってつばが出てくるだろう。ある日、エサ当番の助手が手ぶらであらわれてもイヌがよだれをたらすのを目撃した。そこで、ブザーの音とエサを結びつけるようイヌを訓練してみると、ブザーを鳴らすだけでイヌはよだれをたらすことがわかった。わたしはこれを条件反射とよんだ。

　しかし、当時は動乱の時代。1917年にロシア革命がおき、新しい政府はロシア帝国を共産主義のソビエト連邦に変えた。わたしは共産主義者をひどくきらったが、研究は続けさせてもらえた。わたしが死ぬと、英雄として葬儀がおこなわれたんだよ。

年表
- 1849年　ロシアのリャザンで生まれる
- 1891年　サンクトペテルブルクの実験医学研究所に生理学実験室をつくる
- 1902年　イヌで条件反射の研究をはじめる
- 1904年　ノーベル賞を受賞する
- 1936年　ロシアのサンクトペテルブルク（当時はレニングラード）でなくなる

科学を変えた
ロシアの科学者。イヌでおこなった実験で有名。神経系を研究し、人間心理の研究において重要な大発見をした。

依存症の治療
パブロフの条件づけは、アルコール依存症の治療にも使われている。吐き気をひきおこすものを酒に入れておけば、まもなく酒と吐き気をむすびつけて考えるようになる。酒を見ただけでも気分が悪くなって、その結果、有害な依存症が治るのだ。

偉人たち
アメリカの心理学者ジョン・B・ワトソン（1878–1958）は、パブロフの条件づけを人間に応用した。ある実験では、おさないアルバート坊やがペットのネズミにさわろうとするたびに、ハンマーでおそろしい音をたてると、坊やはすぐにネズミをこわがるようになったという。ワトソンは行動主義心理学を生みだした。

ウソみたいな本当の話！
パブロフのイヌは、実験中に大量の胃液を出した。研究室ではその胃液をビンにつめて、人間の胃腸の病気に効く薬だといって売った。

パブロフの実験動物は残酷？
パブロフはイヌが好きだったが、実験された動物が苦しんだのはまちがいない。イヌに対して残酷な実験をくり返し、餓死させたこともある。現在なら、こうした研究はゆるされないだろう。

63

「見るもの学ぶものすべてが新しく、まるで新しい世界が、
科学の世界が目の前に開けたようだった」

マリー・キュリー

わたしは、科学者としてだけでなく女性としても成功しました。小さいころは、科学は男の子がするものだといわれていたんですよ。いったい何のことって思うでしょ。もちろん、わたしは耳をかさなかったわ！

わたしは故郷ポーランドを離れ、フランスのパリに勉強にいきました。とてもまずしかったけど、やがて幸運がやってきたの。わたしと同じように科学への情熱をもつフランス人のピエール・キュリーと出会い、結婚したんです。暗やみで手を明るく照らしだす不思議な性質を「放射能」とよび、ふたりでその正体をさぐることにしました。資金はほとんどなかったけど、それまでだれも見たことのなかった2種類の放射性元素を、わずかな量だけどついに見つけたのです。「ポロニウム」と「ラジウム」という名前をつけました。

ノーベル賞受賞

ピエールは1906年になくなったけど、わたしは研究を続けました。パリ大学初の女性教授になり、世界的にも有名になりました。名誉なことに、ノーベル賞を2度受賞した女性はわたしだけなんですよ！　ラジウムから出る放射線でいろいろな病気を治したいといつも考えていたけど、自分の体が放射線におかされているのには気づかず、けっきょくそのせいで死ぬことになりました。

年表

1867年	ポーランドのワルシャワで生まれる（旧姓：マリー・スクウォドフスカ）
1895年	パリでピエール・キュリーと結婚する
1898年	ラジウムとポロニウムを発見する
1903年	ノーベル物理学賞を受賞
1911年	ノーベル化学賞を受賞
1934年	フランスでなくなる

科学を変えた

放射線を出す元素「ラジウム」を発見した。鉱物のなかにわずかしか存在しないので、それまでは知られていなかった元素だ。キュリーが骨髄の病気でなくなったため、放射線をあびると危険なことがわかった。

偉人たち

1895年、ドイツの科学者ヴィルヘルム・レントゲン（1845–1923）は、X線という目に見えない放射線を発見した。X線を使えば体の内部を見られることに気づき、妻の手の骨がすけてうつったX線写真をとった。1901年に第1回ノーベル物理学賞を受賞している。

女性の宿命

キュリーは女性への偏見と戦わなければならなかった。キュリーが若かったころのポーランドでは、女性は大学にいけなかった。フランスでも科学アカデミーの会員は男性だけで、1962年にようやく女性会員がうけ入れられた。

キュリーは放射線が有害だと知らなかったの？

現在では、多量の放射線が体に深刻な影響をあたえ、ガンなどをひきおこすことがわかっている。放射性物質をあつかうときは、かならず防護服を着なければならない。でも、キュリーは放射能のあるラジウムが有害だと知らなかった。だからいつもポケットに入れてもちはこんでいたそうだ。

キュリーと戦争

フランスは1914年にドイツと戦争をはじめた。キュリーは、けがをした兵士を治療するために、初の移動式レントゲン車をつくった。その車はキュリーをたたえて「ちびキュリー」とよばれた。キュリーは同じころに、ラジウムからできる気体ラドンを使って、兵士の傷口の消毒もした。

65

「なぜ、わたしの話はだれにも理解してもらえないのに、わたし自身はだれからも好かれるんだろう？」

アルベルト・アインシュタイン

へんてこな髪型と、とっぴな考えのせいで、わたしは気の狂った教授だと思われている。会社で働いたこともあるが、じつは「相対性原理」で有名な天才物理学者だ。わたしは宇宙に絶対ということはないと気づいた。空間でさえゆがむし、時間だってのびちぢみする。どこに視点をおくかでまったく変わってくるのだ。

相対性理論を発表したとき、注目してくれたのは物理学者だけだった。やがて1919年、日食を観測していた天文学者が、わたしの予想どおりに光が重力で曲げられるのを確認した。これでみんな納得したんだ！

1933年、ドイツではナチスがユダヤ人を迫害しだした。ユダヤ人のわたしは、アメリカへ亡命したんだ。

なやみ

$E=mc^2$というわたしの考えた方程式をもとに、科学者たちは原子爆弾をつくろうとした。わたしはアメリカ大統領に、ナチスが先に原子爆弾を開発するかもしれないと知らせた。しかし、それがきっかけでアメリカの開発計画がはじまった。自分のせいで原子爆弾の製造がはじまったことに心をいため、のちに世界じゅうの政府に対して戦争をすべてやめるようにもとめて運動をした。また、つねに科学者の心を失わなかったわたしは、宇宙のあらゆる力をたったひとつの理論で説明したかった。でも、説明できなかった！

年表
- 1879年　ドイツのウルムで生まれる
- 1905年　特殊相対性理論を発表
- 1921年　ノーベル物理学賞受賞
- 1933年　アメリカに移住
- 1939年　ドイツが核爆弾をつくっているとアメリカ大統領に知らせる
- 1955年　ニュージャージー州プリンストンでなくなる

科学を変えた
相対性原理によって、宇宙に対する理解も、空間と時間の性質に対する認識もすっかり変わった。アインシュタインの研究は、原子力開発への道を開いた。

偉人たち
スコットランドの物理学者ジェームズ・クラーク・マクスウェル（1831-1879）は、アインシュタインの相対性原理の基礎となる理論をつくりあげた。それは、電気と磁気と光をひとつの電磁場理論でむすびつけたものだった。マクスウェルとアインシュタインによって、ニュートンの単純な宇宙の見かたは時代おくれとなった。

偉大な方程式
アインシュタインは、物質をつくる原子（小さな粒子）は膨大な量のエネルギーをもっているといった。$E=mc^2$という方程式の意味は、エネルギー（E）は、質量（m）に光速（c）の2乗をかけたものに等しいということ。原子のエネルギーを解き放てば、都市を丸ごとこわせるような爆弾がつくれる。

いったい相対性原理って何？
アインシュタインは相対性原理を次のように説明した。動く電車のなかにいる人が、窓の外に石を落とすとする。その人には石が真下に落ちるように見える。でも、線路のそばで見ている人には、石は曲線をえがいて落ちるように見える。それぞれの視点で、どちらも正しい見えかたなのだと。

おもしろい発見
* 高速で移動している人ほど、ゆっくり年をとる。宇宙を高速で旅してきた人は、地球上にずっといた場合より若いという。
* 高速で移動する物体ほど、長さがちぢむ。
* 重力により光は曲げられる。その結果、宇宙にブラックホールができる。

67

「ぼくもこれから勉強をつんで、洋行すました
そのあとは……天下の男といわれたい」
※洋行：ヨーロッパやアメリカへの旅行や留学のこと

南方熊楠

ぼくは並はずれた記憶力をもつ神童だったから、小さいころは「てんぎゃん（天狗）」とよばれた。外国にいくのがむずかしかった明治時代に、アメリカやイギリスにわたって勉強をしたんだよ。20近くの外国語を使えたし、科学誌『ネイチャー』にも、日本人最多のおよそ50本の論文を発表した。

偉大な変人

ぼくは植物、動物、歴史、何でも知りたくて研究をした。でも、組織に属していなかったので、学者としては正しく評価してもらえなかったんだ。熱中しすぎてけんかをしたり、酒に酔っぱらって失敗をしたりしたから、ぼくを変人ってよぶ人もいる。失礼だよ、ほんと。

明治時代の終わりに、神社の数を減らす「神社合祀」がおこなわれたとき、ぼくは反対運動をした。そんなことをしたら、人の心も自然も荒れてしまうからね。この運動は、日本初の自然保護運動だといわれている。

出世や名誉なんて必要ない。自由に学問するのがいちばんだよ！

年表

- 1867年 和歌山県で生まれる
- 1891年 キューバで新種の地衣類を発見する
- 1893年 科学誌『ネイチャー』に初の論文「東洋の星座」を発表する
- 1910年 神社合祀に反対して集会場に乱入し、逮捕される
- 1917年 自宅の柿の木で新属の粘菌を発見する
- 1941年 和歌山県でなくなる

出会った人々

- 孫文（1866-1925）中国の革命家。亡命中にロンドンで熊楠と出会い、なかよくなる。
- フレデリック・ヴィクター・ディキンズ（1838-1915）日本文学研究者。熊楠とともに『方丈記』を英訳。
- 昭和天皇（1901-1989）熊楠は天皇に粘菌の講義をした。
- 柳田國男（1875-1962）民俗学者。神社合祀反対について熊楠と文通をした。

科学を変えた

明治時代に活躍した博物学者、生物学者、民俗学者。「歩く百科事典」とよばれた熊楠は、幅広い研究をし、とくに粘菌の研究で有名。日本で初めて、自然保護活動をおこした。

奇抜な言動

- 子どものころ、けんかすると相手の顔にゲロをはきかけた。
- 寮で禁じられている酒を飲んで、酔って裸でねむり、アメリカの大学を退学になった。
- 大英博物館で、けんかをして出入り禁止になった。
- 下宿していた寺で、禁じられている肉を食べて追いだされた。

牢屋で粘菌を発見！

1910年、神社合祀を進める役人が集まる会場に、酒に酔って乱入して逮捕された。しかし、その牢屋のなかにも顕微鏡をもちこみ、めずらしい粘菌を発見した。

サーカス団に入っていたの？

キューバでサーカス団に加わり、ゾウ使いの助手として2か月あまり、ハイチやベネズエラ、ジャマイカなどをまわりながら、各地の植物を研究したといわれている。読み書きがにがてな団員のかわりに、ラブレターを読んだり書いたりもしていたそうだ。

ロバート・ゴダード

　ぼくは子どものころSF小説が大好きで、異星人が地球にやってくる話や、月へ旅する話をワクワクしながら読んだ。当時SFは、まじめな科学者からはただの夢物語だと思われていたけど、ぼくはロケットで月へ行くことを思いつき、それが頭を離れなかった。

ロケット科学

　物理学を学んだぼくは、地球の大気のいちばん端や、もっと外側（たとえば月）まで実際にロケットを飛ばせることをつきとめた。でも、そのことを話すとわらわれたので、これは秘密にすることにした。おまけに、ロケット実験に支援してもらうのはむずかしく、なかなか研究が進まなかった。ぼくは液体の酸素とガソリンで進むロケットを開発し、1926年にマサチューセッツ州の農場で初の打ちあげテストに成功した。その後、ニューメキシコ州の砂漠で30回以上も打ちあげテストをおこなった。ぼくのロケットは3キロメートル近くまであがったので、誘導と制御のテストができた。そしてついに成功したんだ！　でも、ちょうどアメリカは第二次世界大戦に参加したとき。軍がロケットに興味をもつと思う？　むりだよ！　ぼくが死ぬまえに、ドイツがロケット・ミサイルを実現したんだ。

年表
- 1882年　マサチューセッツ州ウースターで生まれる
- 1919年　ロケットで宇宙にいく理論を発表する
- 1926年　初の液体燃料ロケットを打ちあげる
- 1930年　ニューメキシコ州ロズウェルで実験をはじめる
- 1945年　メリーランド州ボルチモアでなくなる

科学を変えた
アメリカの物理学者。宇宙探査の黄金時代をきりひらいた。ロケットの打ちあげ実験や、宇宙飛行の可能性の計算によって、月までいけることを証明した。

偉人たち
ヴェルナー・フォン・ブラウン（1912-1977）は、ドイツのV-2ロケットを開発した。これは世界初の長距離ミサイルでもあり、1944年に初めて発射された。第二次世界大戦後、フォン・ブラウンはアメリカに移り、アメリカの宇宙計画でロケット開発の中心人物となった。

謝罪
1920年、ニューヨーク・タイムズ紙は、「真空の宇宙空間でもロケットは飛ぶ」というゴダードの主張をばかにした。49年後、アポロ11号が月面着陸にむけて打ちあげられると、ようやくまちがいを謝罪する訂正記事をのせた。

ゴダードは秘密主義だった？
ゴダードは、ロケット実験の結果をだれにも教えたがらなかった。このせいでアメリカのロケット開発はおくれたといっていいが、そもそもゴダードは、アメリカ軍にロケットの価値を説得するのに苦労していたのだ！

新しい宇宙時代の夜明け
ゴダードの宇宙関連の発明は、次のとおり。
* 初の液体燃料のロケットエンジン。
* ロケットにつけた可動式の羽根（尾翼）を使う誘導のしくみ。
* ジャイロスコープでロケットの飛行を安定させる制御のしくみ。

「ときとして人は、探しているものとは別の
ものを見つけることがある」

アレクサンダー・フレミング

わたしはロンドンにある病院の医学校の教授だった。そこで、死をまねく感染症をおこす細菌を研究していた。1928年、夏休みからもどったわたしは、実験室じゅうに散らかした細菌の試料に、カビが生えているのに気づいた（正直にいうと、きれい好きではないんだ！）。よく見てみると、何かが変なことに気づいた。カビが細菌を殺していたんだ。

奇跡の治療法

本当にたまたま、わたしは天然の抗生物質「ペニシリン」を発見した。この発見がとても重要だとすぐにわかったんだ。なぜって、第一次世界大戦のとき医者だったので、傷口からの感染が原因で多くの兵士が死ぬのを見てきたからね。わたしたち医者は細菌が感染症をひきおこすことは知っていたが、消毒剤は細菌には効かなかったんだ。わたしは必死でがんばったけど、カビを薬として使えるようにはできなかった。

1939年に第二次世界大戦がはじまると、よく効く抗生物質をいそいで探さなければならなくなった。イギリスのオックスフォード大学の研究者が、純粋なペニシリンをつくる方法を見つけ、政府がその薬の大量生産にお金を出した。この薬は、戦争中けがをしたアメリカとイギリスの兵士の治療に使われ、わたしは発見者として有名になったんだ。

年表
1881年　スコットランドのエアシャーで生まれる
1914-1918年　第一次世界大戦のあいだ、英軍医療部隊で働く
1928年　インフルエンザの研究中にペニシリンを発見
1945年　ノーベル医学生理学賞を共同受賞
1955年　イギリスのロンドンでなくなる

まったくの偶然から
ペニシリンの発見は「セレンディピティ」の一例だ。セレンディピティとは、研究者がもともとは探していなかった何かを、運よく偶然に見つけること。1945年に考案された電子レンジもこの例だ。レーダー技術者のパーシー・スペンサーは、レーダーから出るエネルギー波によって、チョコバーがとけることに気づいたという。

科学を変えた
スコットランドの医学者。世界で初めて細菌を殺す物質（抗生物質）を発見した。実用的な薬にしたのは別の人だが、ペニシリンは感染症と戦う初の効果的な武器となり、多くの命を救った。

鼻水のお手柄
フレミングは、ペニシリンだけでなく感染症をおさえるリゾチームという物質も発見した。これは、風邪をひいている患者の鼻の粘液（つまり鼻水）から見つかった。患者の鼻水が細菌の入った皿に落ちたところ、細菌が分解されたのだ。

ペニシリンを開発した人々
イギリスのオックスフォード大学で研究していた、オーストラリアの研究者ハワード・フローリー（1898-1968）とドイツ生まれのイギリスの科学者エルンスト・チェーン（1906-1979）は、1941年、医療に使える初のペニシリンをつくった。フレミングとともに、1945年にノーベル賞を受賞した。

フレミングは単に幸運だったの？
運もよかったが、頭もきれた。フレミングはカビが細菌に影響をおよぼすことの重要性に気づいたが、ほかの人なら見すごしていたかもしれない。フレミングは何年間もペニシリンを薬にする研究を続け、ついに別の人がそれを成しとげた。

「人は、周りにひろがる宇宙を探検し、
その冒険を科学とよぶ」

エドウィン・ハッブル

　おれは天文学の道に入るのはおそかったが、いったん入ると、もうあともどりすることはなかった。カリフォルニア州パサデナにあるウィルソン山天文台で、当時の世界最新で最高性能だったフッカー望遠鏡を使って研究をした。この望遠鏡は、おれたちのいる銀河「天の川銀河」の大きさを推定するために使われていた。推定では、直径が30万光年。1光年がおよそ9.5兆キロメートルだとすると、とっても大きいだろ？

　でもおれは、もっと大きいと考えてたんだ！　フッカー望遠鏡で観測してみると、「星雲」というぼんやりした星の集団が、天の川銀河のはるか外側（遠い宇宙のかなた）にあることがわかった。こうして、おれたちのいる銀河も、数多い銀河のひとつにすぎないことがわかった。人々は、おれが明らかにした宇宙の大きさにびっくりしたもんだ。

膨張する宇宙

　その後、おれはまたすばらしい観測をした。すべての銀河がおれたちの銀河から遠ざかっていて、銀河どうしも遠ざかっている、つまり宇宙はふくらんでいたんだ！　この発見のせいで、数十年にわたり、宇宙の姿についていい争いが続いた。おれはといえば、その後も星を観察し続けたけど、ノーベル賞を受賞する寸前に死んだから、けっきょくはもらえなかった。

年表
1889年　ミズーリ州マーシュフィールドで生まれる
1919年　カリフォルニア州のウィルソン山天文台で、生涯続ける仕事をはじめる
1925年　天の川銀河の外に銀河を発見したと発表する
1929年　宇宙は膨張していることをしめす
1953年　カリフォルニア州サンマリノでなくなる

科学を変えた
近代を代表する天文学者のひとり。宇宙が予想以上に大きいことを証明しただけでなく、じつは膨張していることを初めてしめした。

偉人たち
ハッブルといっしょに研究したミルトン・ヒューメイソン（1891-1972）は、高校にはいかず、天文台までラバで機材を運ぶ仕事をしていたこともあった。天文台の雑用係として雇われると、望遠鏡の使いかたをおぼえ、観測も上手になった。ヒューメイソンは、学位も卒業証書も何ひとつなしに、自分の実力だけで有名な天文学者になったのだ。

膨張理論
ハッブルの観測によって、遠くにある銀河ほどはやいスピードで地球から遠ざかっていることがわかった。これを「ハッブルの法則」という。これは、宇宙全体が実際にふくらんでいることをしめす重要な証拠だ。

どうしてハッブルは宇宙が膨張しているとわかったの？
物体から出る光は、その物体が観測者に近づいているか遠ざかっているかで変わってくる。救急車が近づくときと遠ざかるときで、サイレンの聞こえかたがちがうのと同じだ。ハッブルは、星の光を分析することで、ほとんどの星がつねに遠ざかっていることを知った。

天の川銀河のかなた
1990年にアメリカ航空宇宙局（NASA）が地球の周回軌道に打ちあげた宇宙望遠鏡は、エドウィン・ハッブルにちなんで「ハッブル宇宙望遠鏡」と名づけられた。地球の大気に邪魔されないので、遠い宇宙まで観測して遠くの銀河を見つけ、そのみごとな画像を記録することができる。

「化学はすばらしい！」

ライナス・ポーリング

化学って最高！ 化学を知らない人って、かわいそうだね。ぼくは化学が大好きだったから、子どものとき家の地下室を実験室にした。もちろん大学では科学を学び、カリフォルニア工科大学で先生になったんだ。

人生、山あり谷あり

ぼくは、分子の構造と、分子をむすびつけているものを研究した。おもしろくなさそうって思うかもしれないけど、ぼくはワクワクしたし、そういう人はほかにもいたんだ。『化学結合の本性』という本を出版すると、ぼくはスーパースターになった（少なくとも科学の世界では）。

第二次世界大戦のあいだ、ぼくはアメリカが戦争するのを手伝ったけど、あとで核兵器のことが心配になった。だから原子爆弾の実験に反対し、放射性降下物（核爆発後に降る放射性のチリ。「死の灰」ともいう）が有害だという科学的な証拠をしめした。それを「反アメリカ的」な活動だとみなされ、ぼくはパスポートをとりあげられたんだ。その後、大気圏内での核実験は中止された。

公衆衛生にも関心があったぼくは、昔からあるビタミンCを、風邪からガンまで何にでも効く万能薬としてひろめようとした。もちろん、ぼくの意見に反対する人もいたけど、ぼくが偉大な科学者であることをうたがう人はいなかった。

年表
- 1901年　オレゴン州ポートランドで生まれる
- 1927年　カリフォルニア工科大学で助教になる
- 1939年　重要な本『化学結合の本性』を出版する
- 1954年　ノーベル化学賞を受賞
- 1958年　戦争反対の本『ノーモアウォー』を出版する
- 1962年　ノーベル平和賞を受賞
- 1994年　カリフォルニア州ビッグ・サーでなくなる

科学を変えた
影響力のある20世紀の科学者のひとりで、平和運動家としても有名。ポーリングの分子化学の研究が、医学に重要な進歩をもたらした。ノーベル賞を単独で2度受賞したただひとりの人物。

核の影響
ポーリングの妻エヴァ・ヘレン（1903-1981）は、平和を愛し、核兵器に反対する運動をしていた。その影響で、ポーリングは核実験に関心をもった。1962年のノーベル平和賞も、夫婦で受賞すべきだったのかもしれない。

ポーリングって何者？
* 物理学の最新の発見を、化学の研究にむすびつけた科学者。
* 分子生物学（分子レベルで生物を研究する学問）の生みの親のひとり。
* 環境衛生研究の草分け的な存在。

分子医学
ポーリングは1949年、鎌状赤血球症という遺伝性の血液の病気が、赤血球内の分子の異常によっておこることを明らかにした。病気が分子レベルまで調べられたのは、これが初めてだった。これにより、医学のまったく新しい分野がきりひらかれた。

ポーリングは核実験をとめられたの？
1950年代、核爆弾の実験が砂漠と島でおこなわれた。ポーリングは、放射性降下物が出生異常やガンをひきおこすことを明らかにした。ポーリングの研究の影響もあって、1963年、地上での核実験を禁じる国際協定がむすばれた。

「世界の人々は団結しなければならない。さもなければ、人類は滅びるだろう」

ロバート・オッペンハイマー

おれは原子爆弾をつくったことで有名だ。なんだか複雑な気持ちだけどな。1930年代、物理学者たちは、原子核の分裂でえられる爆発の大きさを推測していた。おれも、そのひとりだ。1942年、戦争中のアメリカで、極秘のマンハッタン計画で科学者のリーダーになってくれとたのまれた。目的？ それは、それまでにない強力な爆弾をつくることだよ。爆発だ！

爆弾をつくる

国際的な科学者を集めて、ニューメキシコ州ロスアラモスに型破りな集団をつくった。おれの役目はみんなの仕事をまとめること。1945年、ものすごい核爆発を初めて目の当たりにしたとき、成功したのはうれしかったけど、この爆弾が世界におよぼす結果を思うと心がいたんだ。

戦争後、おれは国連が核兵器を国際的に管理すべきだとよびかけたが、相手にされなかった。それどころか、反アメリカ的だといわれ、ソ連（現在のロシア）のスパイだとうたがわれもした！ もちろんそんなのデタラメだけど、まいったよ。ありがたいことに、生涯の功績を認められて、ジョン・F・ケネディ大統領から賞をもらったことで、名誉は回復した。

年表
- 1904年　ニューヨークで生まれる
- 1929年　カリフォルニア大学バークレー校やカリフォルニア工科大学で研究をする
- 1942年　マンハッタン計画で指導的な役割をはたす
- 1945年　初の原子爆弾投下を指揮する
- 1953年　危険人物に指定される
- 1967年　ニュージャージー州プリンストンでなくなる

科学を変えた
核物理学者。世界初の原子爆弾をつくった、マンハッタン計画の科学部門のリーダー。オッペンハイマーは、ほかの科学者の研究をまとめたり、政府に科学的なアドバイスをしたりするのがとくいだった。

偉人たち
イタリアのエンリコ・フェルミ（1901–1954）は、アメリカに移住した核物理学者。原子爆弾の計画では、オッペンハイマーとともに研究をした。1942年、世界初の原子炉をシカゴにつくり、そこで核分裂の連鎖反応に初めて成功した。

変だよ、ノーベル賞
オーストリアの物理学者リーゼ・マイトナー（1878–1968）は、1939年にウラン原子の核分裂を確認した中心人物だ。彼女といっしょに研究をしていたオットー・ハーンという男性はノーベル賞を受賞したのに、マイトナーは受賞しなかった。これは、科学におけるあからさまな女性差別の例だ。

原子爆弾のしくみは？
物質の原子核を分裂させるとエネルギーが出ることは、わかっていた。爆弾の鍵となるのは、連鎖反応をひきおこすこと。連鎖反応がおこると、分裂した原子核から粒子がとびだし、それが別の原子核にあたって分裂をおこす。それがくり返されて、全体ではものすごいエネルギーが出るのだ。

初めての爆発
オッペンハイマーたちは、1945年7月16日、ロスアラモスの砂漠で核実験をおこなった。爆発はTNT火薬20キロトンの爆発と同じ規模で、高さ12キロメートルのキノコ雲ができた。原子爆弾はその戦争で兵器として使われ、8月に広島と長崎に落とされた。

79

「人は、自分の考えが正しいと思うと、他人の意見を気にかけなくなる」

バーバラ・マクリントック

　いつもひとりで留守番をしていたわたしにとって、科学を勉強するのが何よりも幸せでした。ママはあきれていたわ。科学者になったら、だれもお嫁にもらってくれないって。そんなこと、どうでもいいのに！　パパだけは応援してくれたので、コーネル大学で植物学を勉強することができました。

ジャンピング遺伝子

　わたしは、まったく新しい科学分野に興味をもちました。植物細胞のゲノム、つまり細胞の遺伝物質をふくんでいる部分の研究です。トウモロコシが研究にうってつけだとわかり、大人になってからは人生のほとんどをトウモロコシの研究についやしました。一流の科学者だと認められるのはかんたんでしたが、「ジャンピング遺伝子」の話をはじめると、気が変になったんじゃないかといわれました。遺伝子はゲノムのなかで位置を変えられることがわかったのですが、みんなは遺伝子は固定されていると主張していたんです。
　けっきょくはほかの科学者もわたしの考えに追いつき、わたしは最初の発見者として認められましたし、ノーベル賞までもらったんです。いちばん重要な研究をしてからは30年もたっていましたけれど、またされても平気でした。長年の研究はとても楽しかったから、ほかのごほうびは何もいらなかったんです。そうそう、一度も結婚しなかったのは、たまたまですからね！

年表

1902年　コネチカット州ハートフォードで生まれる
1931年　トウモロコシでは初の遺伝子地図を発表する
1944年　アメリカ科学アカデミーの会員に選ばれる
1983年　ノーベル生理学・医学賞を受賞する
1992年　ニューヨーク州ハンティントンでなくなる

遺伝子の研究

マクリントックの研究は画期的だった。
* 植物について、各遺伝子が特定の形質に関係していることを明らかにした。
* 染色体上を動く遺伝子（ジャンピング遺伝子）を発見した。
* さまざまなトウモロコシの品種の、遺伝子の進化を調べた。

科学を変えた

生物のゲノムは固定されたものではなく変化するものだということを、初めてしめした遺伝学者。のちにこの考えは、遺伝子の複雑な性質や機能を理解するうえで、ひじょうに重要なものとなった。

野菜は友だち

マクリントックは、科学への情熱と植物への愛をむすびつけた。何かにつけて植物の繊細さに感動し、草の上を歩くのもためらったという。研究していたトウモロコシに感情移入をして、1本1本を見わけられると主張していた。

女性のパワー

* フロレンス・セービン（1871-1953）医学者。1925年、女性初のアメリカ科学アカデミー正会員に選ばれた。
* ゲルティー・コリ（1896-1957）生化学者。1947年、アメリカの女性科学者として初めてノーベル賞を受賞した。

なぜマクリントックの研究は、ほぼ無視されたの？

マクリントックのジャンピング遺伝子説がうけ入れられなかったのは、男性科学者が女性科学者の意見を熱心に聞かなかったせいだともいわれている。しかし、実際には、彼女の考えが奇想天外すぎて信じてもらえなかっただけのようだ。

「わたしは脳をつくっているのだ」

アラン・チューリング

　学費の高い私立学校とケンブリッジ大学で学んだぼくは、典型的なイギリス紳士としての教育をうけた。でも「典型的」はそこで終わった。若いころ、どんな計算でもできて論理的問題をすべて解けるような万能マシンを思いついた。コンピューターに似ているって？　当時としては衝撃的だったんだよ。

暗号解読

　第二次世界大戦中、ぼくみたいな才能あふれる変わり者たちが集められ、イギリスのブレッチリー・パークでドイツの暗号を解読していた。もちろん、ぼくのかしこい頭でも解読できるけど、機械のほうがもっとうまくいくと考えた。そこで、ドイツの暗号機エニグマの暗号を超高速で解読する機械、「ボンベ」をつくったんだ。確かに画期的な機械だったけど、これでぼくが有名になったかというと、ノーだ！　もちろん、すべて極秘だったからね！

　戦後、ぼくは初期のコンピューター開発にかかわった。人工知能のアイデアにも興味をもっていたんだ。機械が本当にものを考えるのか？　こんなおどろくような疑問をあれこれ研究していたとき、同性愛だという理由で逮捕された。当時、同性愛は犯罪とされたんだ。この事件から立ちなおることなく、ぼくは青酸中毒で死んだ。

年表
- 1912年　イギリスのロンドンで生まれる
- 1936年　万能計算機のアイデアを提案
- 1939-1945年　エニグマの暗号を解読する仕事をする
- 1950年　人工知能のための「チューリング・テスト」を考案する
- 1951年　イギリスの王立協会の会員に選ばれる
- 1954年　イギリスのチェシャーでなくなる

科学を変えた
イギリスの数学者。コンピューター科学の草分け的存在。第二次世界大戦中に暗号解読者としてとても重要な仕事をし、初期のコンピューターをつくり、機械が知的に考えられるかどうかを判定するテストを考案した。

チューリング・テスト
機械がものを考えられるかどうかを調べるために、チューリングは模倣ゲームを提案した。ひとりの科学者が、ある部屋にいる人間と別の部屋にあるコンピューターに対して別々に会話をおこなう。もしコンピューターがうまく人間のまねをして、科学者がどちらが本当の人間かわからなければ、そのコンピューターは知的だと判定される。

秘密の組織
イギリスの極秘の暗号解読センター「ブレッチリー・パーク」では、第二次世界大戦中、頭のいい人たちが働いていた。数学やパズル、チェスがとくいな人や、チューリングみたいなコンピューターオタクもいた。ブレッチリー・パークは、戦後も30年にわたり秘密にされていた。

エニグマって何？
第二次世界大戦中、ドイツ軍はエニグマという機械を使って伝言を暗号に変えていた。ローターとケーブルを調整することで、操作者は伝言を何通りにも暗号化できる。ドイツはエニグマの暗号は解読できないと思っていたが、チューリングが解読した。

コンピューターの天才
チューリングは次のことで有名だ。
* 現代的なコンピューターとそのしくみについて、初めてくわしく説明した。
* 第二次世界大戦中、ドイツ海軍のエニグマの暗号文を解読した。
* 人工知能の可能性をさぐった。

「ぼくたちは生命の神秘を発見した」

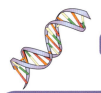

ワトソンとクリック

ぼくはフランシス・クリック。二重らせんコンビのひとりさ。相棒のジェームズ・ワトソンと出会ったのは1951年のこと。ぼくたちはイギリスにあるケンブリッジ大学のキャベンディッシュ研究所で働いていた。ワトソンは、15歳でシカゴ大学に入学するほどの神童だったんだよ。ぼくのほうがずっと年上だったけど、彼とは気が合った。

ワトソンの挑戦

ワトソンの夢は、遺伝子をつくっている材料「DNA（デオキシリボ核酸）」の分子構造をつきとめることだった。アメリカの研究所の科学者たちが成功しそうだったので、ワトソンは彼らの先をこそうとした。この若いやり手にたのまれて、ぼくも協力することになったんだ。そして成功した！　DNAは2本の鎖がからみあった二重らせんの構造をしていて、この鎖がほどけることで自分のコピーをつくることをつきとめたんだ。ほかの科学者になかなか納得してもらえなかったから、この発見が認められてノーベル賞をもらうまでに、何年もかかったけどね。

そのあいだに、ワトソンとぼくは別々の道を歩むことになった。ワトソンはヒトゲノム計画の立ちあげと運営にかかわり、ぼくはカリフォルニア州のソーク研究所で脳や意識の研究にもどった。

年表
- 1916年　フランシス・クリックがイギリスのノーザンプトンで生まれる
- 1928年　ジェームズ・ワトソンがアメリカのイリノイ州シカゴで生まれる
- 1953年　DNAの分子構造を共同で発見する
- 1962年　ノーベル賞を共同で受賞
- 1968年　ワトソンが『二重らせん』を出版
- 2004年　カリフォルニア州サンディエゴで、クリックがなくなる

DNAの発見
ワトソンとクリックが成しとげたこと。
* DNA分子が二重らせんの構造をしていることを発見。
* 遺伝情報がDNAに化学的にコードされるしくみを明らかに。
* 二重らせんが自分のコピーをつくるしくみを発見。二重らせんは2つにわかれて、それぞれが新しい相手をつくる。

科学を変えた
ワトソンとクリックのふたりは、DNA分子が二重らせん構造をしていて、生物をつくるための遺伝情報を伝えていることを発見した。この発見によって、生命科学と医学のゆたかな新分野が開けた。

偉人たち
ロザリンド・フランクリン（1920-1958）はイギリスの化学者。1950年代にロンドン大学のキングス・カレッジで研究していた。彼女が撮影したDNAのX線写真は、ワトソンとクリックの発見につながった。だが、その研究の重要性が認められるまえに、彼女はなくなった。

遺伝子の構造
地球上のほぼすべての生物は、遺伝物質としてDNAをもっている。例外は、インフルエンザウイルスや麻疹ウイルスといった一部のウイルスだ。これらはDNAのかわりに、RNA（リボ核酸）という分子を使う。

ヒトゲノム計画って何？
遺伝子一式のことを「ゲノム」という。ヒトゲノム計画とは、人間の遺伝子を地図にして理解しようとする国際的な計画だ。2003年には、解読が完了したヒトゲノムの配列が公開された。

「人は、情報を、
知性や知識に変えなければならない」

グレース・ホッパー

わたしのあだ名は「アメージング・グレース」。すてきでしょ！ バッサー大学とエール大学で数学を学んだのち、ハーバード大学で働きはじめました。そのとき、アメリカは戦争をしていたんです。だから、海軍に雇われ、「マークI」というコンピューターの開発にかかわりました。いまの機械とまるでちがって、マークIは部屋がいっぱいになるほど大きく、穴をいくつも開けた紙テープで情報を入力していたんですよ。わたしは、マークIにひと目ぼれしました！

日常で使うコンピューター

わたしは、史上初のコンピューター・プログラマーのひとり。ほかには何もしたいことがありませんでした。戦後、ふつうの人でもコンピューターを使えるように、操作をかんたんにする必要が出てきました。そこで、宇宙人が書いたような数学の記号ではなく、なじみのあるかんたんな英語で命令を書けるようなプログラムをつくろうと思いました。

いろんな種類のコンピューターで使える初のプログラミング言語の開発にかかわり、この見なれない新しい機械をみんなにすすめました。「こんなこと昔からやっている」といわれたので、「ええ、でも過去ではなく未来を見てください」とわたしはこたえました。ほらね、明るい未来がきたでしょ！

年表
1906年 ニューヨークで生まれる
1944年 ハーバード大学で海軍のコンピューター用のプログラムをつくる
1949年 初の商用コンピューター「UNIVAC I」の開発にかかわる
1959年 プログラミング言語「COBOL」の開発にかかわる
1992年 バージニア州アーリントンでなくなる

科学を変えた
すぐれた数学者でありコンピューター科学者。初期のプログラミング言語開発や、コンピューターを業務用・個人用に使いやすくするうえで、指導的な役割をはたした。

目の覚めるような子ども
ホッパーは7歳のとき、目覚まし時計が動くしくみを知りたくて、家じゅうの時計を分解した。びっくりした母親は、おさないグレースにいった。「分解する時計はひとつだけにしてね」。

「バグ（虫）」と「あやまり」
1947年、ホッパーのコンピューターが動かなくなった。原因は機械のなかに入りこんだ「ガ」だった。ガをとりのぞいたホッパーは、「コンピューターはデバグ（虫をとりのぞくこと）された」といった。それ以降、デバグという言葉が、コンピューターのあやまりを正す意味で使われるようになった。

世界初のコンピューターはどれ？
これについては意見がわかれている。何をコンピューターとするかでちがってくるからだ。「ハーバード・マークI」は電子機器と機械装置を組み合わせたものなので、世界初とはいえないだろう。1946年につくられた「ENIAC」が初の電子式汎用コンピューターだ。

コンピューターの初めてづくし
ホッパーのすばらしい業績。
* 初のコンパイラ（プログラムをコンピューターが実行できる形に変えるもの）をつくった。
* 初の使いやすいプログラミング言語「FLOW-MATIC」をつくった。
* コンピューター・ネットワークを共通データベースにつなぐことを主張した。

「あらゆる生き物は、
自らが生まれた地球とつながっている」

レイチェル・カーソン

小さな農場で育ったわたしは自然に魅せられ、大学では海洋生物学を勉強しました。卒業後は海洋生物学者として働き、すぐに本を書きはじめました。海の生き物の豊かさについて書いた『われらをめぐる海』という本は、アメリカじゅうで話題になったんですよ。

化学薬品の悪夢

仕事は楽しいものでしたが、アメリカの状況はけっして楽しいものではありませんでした。作物に害をあたえたり病気を運んだりする虫を殺すために、さまざまな化学製品がつくられていて、農場では、どんな結果をまねくかをよく考えもせずに、殺虫剤をあたり一面にまいていたんです。わたしはおそろしいことがおこっているのに気づきました。アリやガを駆除する化学薬品によって、クロウタドリやマキバドリも死んでいったんです。もっと心配なことに、化学薬品が食物連鎖に入りこんで、最終的にわたしたちの食卓にのぼるかもしれません。わたしはその証拠をすべて『沈黙の春』という本に書きました。それで大さわぎになり、殺虫剤でお金をもうけている人たちから批判されました。でもわたしは気にしませんでした。大勢の一般の人々はわたしの話に納得して、人間が自然環境にあたえる影響を気にかけるようになりましたから。

年表
- 1907年　ペンシルベニア州スプリングデールで生まれる
- 1936年　アメリカの漁業局で水生生物学者として働く
- 1951年　『われらをめぐる海』を出版
- 1962年　影響力のある本『沈黙の春』を出版
- 1964年　メリーランド州シルバースプリングでなくなる

科学を変えた
アメリカの生物学者。著書『沈黙の春』で、現在に続くアメリカの環境保護運動をひきおこした。カーソンは、研究をとおして自然の大切さをうったえ、化学薬品は環境に影響をあたえると批判した。

バイ・バイ・ブラックバード
有名な著書にカーソンが『沈黙の春』という題をつけたのは、春がきても鳥の鳴き声が聞こえないことに気づいたからだ。これは化学スプレーの毒で鳥が死んだせいだと主張した。

環境にかんする画期的な出来事
* 1970年　アメリカの環境保護庁が設立された。
* 1972年　スウェーデンのストックホルムで初の国際会議が開かれた。
* 1992年　ブラジルのリオ・デ・ジャネイロで初めて国連主催の地球サミットが開かれた。

DDTの禁止
ジクロロジフェニルトリクロロエタン（DDT）は、カーソンが危険性を指摘した殺虫剤のひとつ。カーソンの死後10年間に、世界じゅうでDDTの使用が制限された。アメリカでは1972年に農業への使用が完全に禁止された。ちなみに、日本では1971年からDDTの使用が禁止されている。

カーソンは殺虫剤の禁止をもとめていたの？
カーソンは、有害な害虫を殺す化学薬品がすべて悪いとはいっていない。予想される副作用をしっかり考えて、殺虫剤の使用を減らすようもとめていたのだ。

「喜びや悲しみといった感情や性格をもつ生き物は、人間だけではありません」

ジェーン・グドール

子どものころから動物が大好きだったけど、それが一生の仕事になるとは思いもしなかったわ。20代のときにおとずれたアフリカで出会ったのが、人類学者のルイス・リーキー。彼は人間の進化を調査していて、自然環境にいるチンパンジーを研究する人を探していたから、わたしを雇ってくれたの！ わたしは長年、チンパンジーといっしょにジャングルでくらしたのよ。やがて、チンパンジーはわたしを群れの生活にうけ入れてくれるようになりました。

野生の友だち

何年もするうちに、わたしはチンパンジーごとに、性格や感情や知能やかかわり合いかたがちがうことに気づいたの。それまで、類人猿は番号をつけて研究されていたけど、わたしはデビッド・グレイビアード、フロー、ハンフリーといった名前をつけました。べつにいいでしょ？ わたしは、チンパンジーは人間とよく似た社会生活をおくり、かんたんな道具をつくって使うことさえあることを証明しました。だれも思いもよらない発見だったのよ。

チンパンジーとすごしたわたしは、やがて本やテレビをとおして世界的に有名になりました。もちろん、類人猿とその生息環境を守る運動をはじめたわ。なにしろ類人猿は、わたしの友だちだからね。

科学を変えた

50年以上も野生チンパンジーの家族を研究し、知られていなかったチンパンジーの行動を明らかにした。現在は、自然保護と動物の権利を守る運動の先頭に立っている。

年表
- 1934年 イギリスのロンドンで生まれる
- 1957年 ケニアで人類学者のルイス・リーキーと出会う
- 1960年 タンザニアのゴンベ・ストリームでチンパンジーの研究をはじめる
- 1971年 『森の隣人 チンパンジーとわたし』を出版
- 1977年 ジェーン・グドール研究所を設立

偉人たち
イギリス生まれのルイス・リーキー（1903-1972）とメアリー・リーキー（1913-1996）夫妻は、協力して人類学を研究した。東アフリカのオルドバイ峡谷（現在のタンザニア）で初期人類や人類の祖先の化石を調べた。ふたりが頭蓋骨を発見したおかげで、人類はアフリカで誕生したと認識されるようになった。

攻撃的な生き物
グドールのすばらしい発見のひとつに、チンパンジーはいつもおだやかな草食動物ではないというものがある。観察の結果、ほかの動物をつかまえて食べることもあるとわかったのだ。縄張りや群れのなかの地位をめぐってなかまと争い、殺してしまうことさえあるという。人間にそっくりだ。

チンパンジーはどれくらい頭がいいの？
グドールはチンパンジーが道具を使うことを証明した。たとえば、草の茎を使って穴のなかからシロアリをつりあげるという。30種類以上の鳴き声や、さまざまな身ぶりや顔の表情で、おたがいに気持ちを伝えあっていることも発見した。

遠い親類
一部の生物学者は、人間はチンパンジーやゴリラやオランウータンと同じ、大型類人猿だと考えている。すべての大型類人猿は、もとをたどると、ひとつの共通の祖先にいきつく。チンパンジーとボノボは、生きているなかでは人間に最も近い親類で、DNAに多くの共通点がある。

スティーブン・ホーキング

ぼくの人生を決定づけたものが2つある。宇宙への興味と難病だ。イギリスのケンブリッジ大学で勉強しているときに、筋肉がどんどん麻痺する病気「ALS」になり、2、3年で死ぬだろうといわれた。うそじゃないよ。それまでぼくは、すごくなまけ者だったけど、今はもうちがう！

普遍的な真理

ところが、ぼくは死なず、物理と宇宙論の分野で世界有数の思想家になった。一般人の理解をはるかにこえた分野だ。ブラックホールの性質について新たな予想をたて、宇宙のはじまりであるビッグバンの理解を深めた。

体はほぼ完全に麻痺したけど、現代の科学技術のおかげで、奇跡的に研究や意思疎通を何十年も続けている。宇宙旅行が夢で、フロリダ州のケネディ宇宙センターをたずねたこともある。そこで無重力を体験したときは、ふだんは手放せない車いすからおりて、宙にうかんだんだ。この世のものとは思えなかったよ！

年表
1942年 イギリスのオックスフォードで生まれる
1963年 筋萎縮性側索硬化症（ALS）と診断される
1974年 ホーキング放射を提唱する
1988年 『ホーキング、宇宙を語る』を出版する

ビッグバン理論
多くの科学者は、約140億年前に宇宙ははじまったと信じている。宇宙はある一点から膨張を続けていて、それ以来、温度も密度も低くなっているというのだ。この爆発のはじまりを、ビッグバンという。

科学を変えた
理論物理学者。数学を使って、宇宙の起源やブラックホールの性質をさぐっている。自分の発見を一般人向けに書いた本『ホーキング、宇宙を語る』で有名。

型破りな男！
ホーキングの言葉。
* タイムトラベル（時間旅行）は、少なくとも理論上は100パーセント可能だ。
* 地球に住めなくなったら、宇宙の植民地化が不可欠になる。
* 人工知能をそなえた機械が、将来、人間の生活を実際におびやかすだろう。

ブラックホールのなかへ
ホーキングは、ブラックホールがエネルギーを放射しているという画期的な考えで、物理学者として有名になった。この考えは、ブラックホールからは何も出てこられないというそれまでの一般的な考えを否定するものだった。このエネルギーは、彼に敬意をはらって「ホーキング放射」とよばれている。

ホーキングはどうやって話しているの？
ホーキングは1985年から、自分の声で話すことができない。そこで、機器を使って画面上の言葉を選び、音声合成装置で読みあげている。現在使っている機器は、頬の筋肉で動くものだ。

93

「ウェブは、機械をつなぐだけでなく、
人と人をつなぐものだ」

ティム・バーナーズ＝リー

1980年代、ぼくはとくいなコンピューター・ソフトウェアの開発をしていた。そのころ、コンピューターはすごく新しくてワクワクするものだったんだ！ぼくは、セルン（CERN）というスイスの科学研究所で働くことになった。当時、セルンだけでなく、世界じゅうのコンピューター・ネットワークがインターネットでつながっていたけど、外国の研究者とのやりとりは、まだまだむずかしかったんだ。

ハイパーになる

ぼくはハイパーテキスト（リンクのはられた文書）を使って、インターネットを自由に接続できる地球規模のシステムへと変え、情報を共有したいと考えていた。すごい野望だろ！ぼくはセルンで科学者が使うシステムを立ちあげたけど、本当は、科学界をはるかにこえたものを考えていた。「ワールド・ワイド・ウェブ（WWW）」だ。だれでも使えるウェブをつくるのが夢だった。あらゆる点で自由で、接続や内容をだれからも制限されず、しかも無料にしたかったんだ。これを実現するため、ぼくはケンブリッジにあるMITコンピューター科学研究所内に協会をつくった。

その後、ぼくのつくったシステムは巨大になった。ウェブが世界じゅうの人類の役に立つという使命をはたせるように、財団も設立した。夢はかなうんだよ！

年表
- 1955年　イギリスのロンドンで生まれる
- 1980年　初のハイパーテキスト・データベース・システムをつくる
- 1989年　ワールド・ワイド・ウェブ（WWW）を考案
- 1994年　ワールド・ワイド・ウェブ協会を設立
- 2009年　ワールド・ワイド・ウェブ財団を設立

科学を変えた
ワールド・ワイド・ウェブ（WWW）をつくり、それをだれでも使えるシステムにした人物。だれもがおたがいにつながった世界を実現するために、活動を続けている。

偉人たち
アメリカのコンピューターの専門家、ロバート・カーン（1938–）とヴィントン・サーフ（1943–）は、インターネットの父とよばれている。ふたりが開発した基本的なプロトコル（データを送るときのルール）のおかげで、世界じゅうのコンピューターがおたがいにやりとりできるようになった。

自由参加
バーナーズ＝リーは長年「ネット中立性」を熱心に支持している。これは、利用者全員がインターネットのサービスを平等かつ自由に利用できるべきだという原則だ。彼は、この原則はさまざまな政治的・商業的圧力にいつもさらされていると考えている。

インターネットとWWWは同じもの？
そうではない。インターネットは、全世界にある無数のコンピューターをつなぐ「ネットワーク」のこと。ワールド・ワイド・ウェブ（WWW）は、そのインターネットをつうじて情報に接続したり共有したりする方法のひとつだ。たとえば「電子メール」も、インターネットを利用する、ウェブとはまた別のシステムのひとつだ。

世界初のウェブサイト
1991年8月6日、バーナーズ＝リーは史上初のウェブサイトを立ちあげた。アドレスはhttp://info.cern.chで、そのサイトにはWWWとそのしくみについて書かれていた。さらに自分でウェブサイトを立ちあげる方法まで書いてあった。

95

絵──**サイモン・バシャー**　Simon Basher

アーティスト兼デザイナー。イギリス在住。諷刺のきいた鋭敏な感性の持ち主で、シンプルな描線と華麗な色調で描かれるキャラクターは、切れ味のよさと愛くるしさの両方を巧みに融和させている。近年、そのユニークな作品はキャラクター・デザイン界で高い評価をえている。本書の構想企画も、彼の豊かで斬新な発想力に多くを負っている。

文──**レグ・グラント**　Reg Grant

オックスフォード・トリニティカレッジで歴史とフランス語を学び修士課程修了。参考図書、歴史図鑑などの編集・執筆に携わる。図鑑やビジュアル本で知られるDK社では編集ディレクターを務めた。またデザイン・編集会社の経営経験もある。1988年から、子どもやおとな向けに歴史関係の書籍を40冊以上出版してきた。

訳──**片神貴子**　かたがみ・たかこ

奈良女子大学理学部物理学科卒業。科学分野の翻訳に携わる。雑誌翻訳にScience誌、ナショナルジオグラフィック誌。訳書に『ハッブル宇宙望遠鏡　時空の旅』（インフォレスト）、『テクノロジー』『ノーベルと爆薬』（ともに玉川大学出版部）など。共著に『変身のなぞ』（玉川大学出版部）など。

装丁：中浜小織（annes studio）
協力：河尻理華

編集・制作：株式会社　本作り空 Sola

われら科学史スーパースター
天才・奇人・パイオニア？　すべては科学が語る！

2017年1月20日　初版第1刷発行

絵────────サイモン・バシャー
文────────レグ・グラント
訳────────片神貴子
発行者──────小原芳明
発行所──────玉川大学出版部
　　　　　　　〒194-8610　東京都町田市玉川学園6-1-1
　　　　　　　TEL 042-739-8935　FAX 042-739-8940
　　　　　　　http://www.tamagawa.jp/up/
　　　　　　　振替：00180-7-26665
　　　　　　　編集：森　貴志
印刷・製本────藤原印刷株式会社

乱丁・落丁本はお取り替えいたします。
©Tamagawa University Press 2017　Printed in Japan
ISBN978-4-472-40524-2 C8040 / NDC402